PNSO恐龙大王幼儿百科

恐龙的秘密

可怕的掠食者

赵闯 / 绘　杨杨 / 文

化学工业出版社
·北京·

图书在版编目(CIP)数据

恐龙的秘密.可怕的掠食者/赵闯绘；杨杨文.—北京：化学工业出版社，2020.10
（PNSO 恐龙大王幼儿百科）
ISBN 978-7-122-37511-7

Ⅰ.①恐… Ⅱ.①赵… ②杨… Ⅲ.①恐龙－儿童读物 Ⅳ.①Q915.864-49

中国版本图书馆 CIP 数据核字(2020)第 148789 号

责任编辑：刘晓婷 潘英丽　　责任校对：王佳伟

出版发行：化学工业出版社（北京市东城区青年湖南街 13 号 邮政编码 100011）
印　　装：天津图文方嘉印刷有限公司
889mm×1194mm　1/16　印张 15　2021 年 1 月北京第 1 版第 1 次印刷

购书咨询：010-64518888　售后服务：010-64518899
网　　址：http://www.cip.com.cn
凡购买本书，如有缺损质量问题，本社销售中心负责调换。

定　价：168.00 元（全 10 册）

目录

阅读说明

▽ **本书参考物**
一辆长约 5 米的越野车

▽ **本书参考物**
一只体长 7.5 米的非洲象

本书参考物 ▷
一个中型滑翔伞
平铺翼展约为 12.7 米

△ **长度比例尺**（每个小格代表 1 米长哦）

代					
纪	三叠纪			侏罗纪	
世	早三叠世	中三叠世	晚三叠世	早侏罗世	中侏罗世
距今年代（百万年）	251.9			约 201.3	

本书中的恐龙
主要化石产地分布示意图

图例：
大洲分界线
欧洲发掘点
非洲发掘点
亚洲发掘点
大洋洲发掘点
北美洲发掘点
南美洲发掘点

声明：
本示意图仅为说明恐龙发掘地的大概位置而设计，并非各国精确疆域图。

北美洲

1 双嵴龙
Dilophosaurus
北美洲，美国

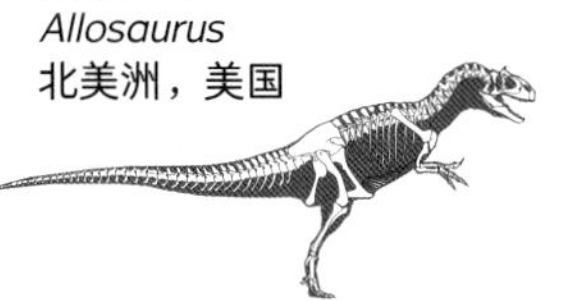

9 异特龙
Allosaurus
北美洲，美国

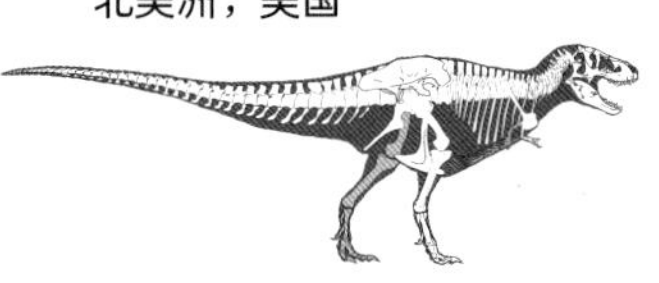

14 霸王龙
Tyrannosaurus
北美洲，美国

5 激龙
Irritator
南美洲，巴西

南美洲

2 阿贝力龙
Abelisaurus
南美洲，阿根廷

13 南方巨兽龙
Giganotosaurus
南美洲，阿根廷

本书参考物 ▷ 一只翼展 3.5 米的信天翁

▽ 恐龙骨骼复原图

▽ 本书参考物 一名身高 1.74 米的成年男子

▽ 恐龙剪影图

本书参考物 ▷ 一只身高 6 米的长颈鹿

1m

▽ 本书中的恐龙的地质年代表

中生代
白垩纪
晚侏罗世
早白垩世
晚白垩世
约 145.0
66.0

恐龙的秘密
可怕的掠食者

迷人的恐龙总是吸引着每个孩子，而在光怪陆离的恐龙世界中，出现在本册书里的这些庞大而凶猛的掠食者，则会让孩子们兴奋到尖叫！它们拥有傲人的捕猎武器，总是能轻松地制服猎物，展现出王者的光芒。

孩子对于恐龙的热爱，是出于好奇的本能，而保护孩子这份珍贵的好奇心，并帮助孩子进行更加深入的探索，则是激发他们的想象力、创造力，并进行科学启蒙的最好方式。

我们将本书的探索过程分为三个阶段。首先，请孩子们自己欣赏书中的所有视觉作品，从恐龙生命形象复原图中认识恐龙，从恐龙与其他动物或物品的比较中了解恐龙，从比例尺、地图等工具中理解恐龙。其次，请家长或者老师陪伴孩子进行文字阅读，通过生动有趣的文字介绍，深刻地认知每一种恐龙的特点、习性、行动能力、生活方式等，打破时间和空间的限制，将孩子带入一个更加广阔的世界。最后，请孩子通过比较大小、测量体重、为恐龙上色等环节，综合运用多种能力，将所学到的知识用于实践中，充分锻炼孩子的逻辑思维能力，提升孩子的想象力和创造力。

现在，就让我们一起进入神奇的探索之旅吧！

喜欢用头冠来炫耀的双嵴龙

速度型的大块头——阿贝力龙

阿贝力龙是个跑步高手，别看它们体长 7 ～ 9 米，体重将近 1 吨，是不折不扣的大个子，可是身体非常灵活，运动速度很快。它们总是成群结队地在森林或丘陵地带奔跑，集体对那些行动缓慢的植食恐龙下手。它们特别喜欢捕食大家伙，一旦成功，便能吃上好多天！

Abelisaurus
阿贝力龙

体形：体长约 7 ～ 9 米
体重约 1 吨

食性：肉食

生存年代：白垩纪

化石产地：南美洲，阿根廷

长有头冠的动物可不稀奇，公鸡、食火鸡、葵花凤头鹦鹉……你能在动物园里看到不少。可是你知道吗？在遥远的恐龙时代，也有许多长有头冠的恐龙，比如双嵴龙。

双嵴龙是最早出现的肉食恐龙之一，体形较大，拥有锋利的牙齿和爪子。它最特别的地方就是头顶上的 V 字形头冠。因为头冠很薄，所以并不是战斗武器，而是炫耀的工具。

Dilophosaurus 双嵴龙

体形：体长约 6 米
体重约 400 千克

食性：以鱼为主

生存年代：侏罗纪

化石产地：北美洲，美国

骁勇善战的 胜王龙

▽ 伊希斯龙剪影图

胜王龙生活在 7000 万年前今天的印度半岛上，是当地最大的掠食者。它们体形庞大，身体粗壮，总是喜欢捕食巨大的蜥脚类恐龙。瞧，那里来了一群伊希斯龙，这是它们最喜欢的食物。胜王龙忍不住吞了吞口水，看来它得挑一只解解馋了！

Rajasaurus
胜王龙

体形：体长约 7 ～ 9 米
体重约 3 吨

食性：肉食

生存年代：白垩纪

化石产地：亚洲，印度

拥有华丽头冠的
单嵴龙

Monolophosaurus
单嵴龙

体形：体长约 5 米
　　　体重约 700 千克

食性：肉食

生存年代：侏罗纪

化石产地：亚洲，中国

和双嵴龙一样，单嵴龙也是长有头冠的恐龙，不过它的头冠呈单片状，不像双嵴龙一样由两片组成。因为是中空的，所以单嵴龙的头冠也只能用来炫耀，或者作为种间识别的标志。

不过即便如此，单嵴龙的战斗力也还是不容小觑的，因为它身体灵活，双腿修长健壮，可以为它在追捕猎物时提供极快的速度。它喜欢抓捕一些小恐龙，有时也喜欢吃鱼。

脑袋像鳄鱼的
激龙

Irritator
激龙

体形：体长约 8 米
体重 1~1.5 吨

食性：鱼类等

生存年代：白垩纪

化石产地：南美洲，巴西

激龙的脑袋和大多数肉食恐龙的都不一样，它长有一个鳄鱼般的脑袋，又细又长。这使得它拥有不同的食性，它不太喜欢捕食恐龙，而像鳄鱼一样喜欢捕鱼。

激龙有着非常适合捕鱼的牙齿，它们呈圆锥状，又长又直，很像鱼叉，可以轻松地插住滑溜溜的鱼儿。它的前肢比较长，长有锋利的爪子，这也是它捕鱼的工具。

第一个有名字的恐龙——巨齿龙

Megalosaurus
巨齿龙

体形：体长 7 ～ 9 米
体重 1 ～ 2 吨

食性：肉食

生存年代：侏罗纪

化石产地：欧洲，英国

巨齿龙是第一个拥有名字的恐龙，但当时人们为它起名巨齿龙的时候，并不知道它是一种恐龙。事实上，那时候人们还不知道世界上曾经存在着一类名为恐龙的奇特生命。

巨齿龙是一种非常凶猛的肉食恐龙，身体粗壮，前肢较短，后肢修长，行动非常迅捷。它的脑袋又高又大，咬合力很强，它的嘴巴里布满锋利的牙齿，能轻松地撕裂猎物的皮肉。

爱吃鱼的
棘龙

Spinosaurus
棘龙

体形：体长约 15 米
体重超过 5 吨

食性：鱼类等

生存年代：白垩纪

化石产地：非洲，埃及、摩洛哥

棘龙是最大也是最奇特的肉食恐龙。它有鳄鱼一样的脑袋，能捕食鱼类的牙齿，它的前后肢相差不大，前肢强壮，长有锋利的爪子，后肢粗短，脚趾上长有鸭子一样的蹼。它的背上不是光秃秃的，而长有一个高耸的“背帆”。它不喜欢生活在陆地上，大部分时间都待在水里。它游泳的技术很高超，抓鱼的本领也极其优秀，它是恐龙世界里完美的渔夫。

偶然发现的
气龙

科学家通过化石来研究恐龙，但是很多恐龙化石的发现者都不是科学家。比如，最先发现气龙的就是一些寻找天然气的工作人员。

气龙是一种行动迅速的肉食恐龙，脑袋很大，前肢稍短，后肢修长。它们有一双敏锐的大眼睛，总是很容易在隐秘的树林中发现自己心仪的猎物。

Gasosaurus
气龙

体形：体长约 3.5 米
体重约 200 千克

食性：肉食

生存年代：侏罗纪

化石产地：亚洲，中国

侏罗纪最威猛的恐龙——异特龙

Allosaurus
异特龙

体形：体长约 9 米
　　　体重 2 ～ 3 吨

食性：肉食

生存年代：侏罗纪

化石产地：北美洲，美国

异特龙是侏罗纪最凶猛的恐龙之一，它们不仅体形巨大，还拥有强大的综合素质。比如，让猎物不寒而栗的锋利的牙齿，可以刺穿猎物的皮肉；眼睛上方的角状物和鼻子上的棱嵴，可以用于战斗；前肢上足足 25 厘米长的可怕的钩爪，可以轻松捕获猎物；以及不光健壮，还能奔跑如飞的双腿。更重要的是，它们还有一个特别聪明的脑袋，这让它们脱颖而出，成为当地的顶级掠食者。

能捕食大块头的
四川龙

Szechuanosaurus
四川龙

体形：体长约 8 米
体重 1 ～ 1.5 吨
食性：肉食
生存年代：侏罗纪
化石产地：亚洲，中国

四川龙是一种凶猛的肉食恐龙，它体形很大，拥有锋利的牙齿和爪子，这让它们可以轻松地捕食很多猎物。你瞧，那群庞大的川街龙也能成为它们菜单上的美食。

现在，四川龙瞪大了眼睛盯着川街龙群，不过它迟迟没下手，这可不是因为害怕，它只是在精心挑选，看看哪只更合适！

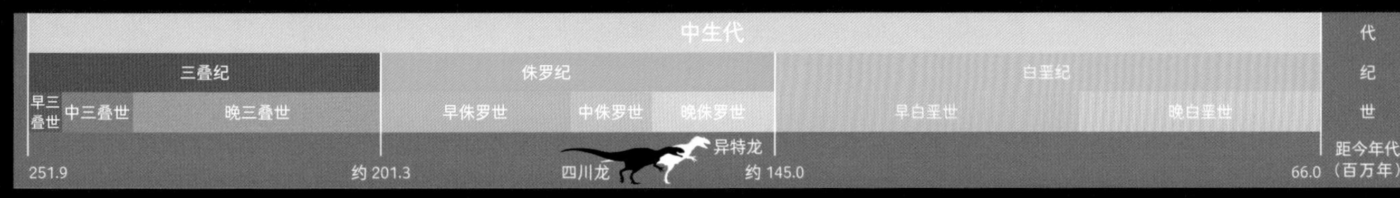

侏罗纪的“狮子”——永川龙

Yangchuanosaurus
永川龙

体形：体长 7 ～ 9 米
　　　体重 1 ～ 3 吨

食性：肉食

生存年代：侏罗纪

化石产地：亚洲，中国

永川龙常常被称为侏罗纪的狮子，因为它像狮子一样凶猛，也像狮子一样占据着食物链顶端。

永川龙是一种体形很大的掠食者，拥有粗壮的身体，锋利的牙齿、可怕的利爪、粗壮的尾巴，它不会轻易放过任何一个猎物！

代	中生代							
纪	三叠纪			侏罗纪			白垩纪	
世	早三叠世	中三叠世	晚三叠世	早侏罗世	中侏罗世	晚侏罗世	早白垩世	晚白垩世
距今年代（百万年）	251.9		约 201.3	永川龙		约 145.0	南方猎龙	66.0

南半球的统治者——南方猎龙

南方猎龙是发现于澳大利亚的为数不多的恐龙之一，也是当地最凶猛的恐龙。它体形不算太大，但是前肢上长有两个像弯刀一样的大爪子，它们像是南方猎龙的将军，随时等待命令准备出击。现在，一只体形巨大的迪亚曼蒂纳龙，正在遭受南方猎龙的袭击。虽然它的身体巨大不容易被捕食，可也正因为如此，它的行动受到了限制。南方猎龙抓住时机狠狠咬住了它的脖子。

Australovenator
南方猎龙

体形：体长约 6 米
体重 0.5 ～ 1 吨

食性：肉食

生存年代：白垩纪

化石产地：大洋洲，澳大利亚

长着大脑袋的
南方巨兽龙

南方巨兽龙是最可怕的肉食恐龙之一，它最大的特点就是长着一个超级大的脑袋，头骨能达到 1.6 米，差不多相当于一个成年人的身高。除了大脑袋，它锐利的牙齿也很大，像锋利的匕首。它的身体壮硕，长着大而锋利的爪子，这些都是它称霸丛林的武器。

Giganotosaurus
南方巨兽龙

体形：体长约 12 米
体重约 8 吨

食性：肉食

生存年代：白垩纪

化石产地：南美洲，阿根廷

▽ 南方巨兽龙成年个体

▽ 霸王龙成年个体

成年长颈鹿 ▷
高度可达 6 米

1m

代	中生代							
纪	三叠纪			侏罗纪			白垩纪	
世	早三叠世	中三叠世	晚三叠世	早侏罗世	中侏罗世	晚侏罗世	早白垩世	晚白垩世
距今年代（百万年）	251.9		约 201.3			约 145.0		南方巨兽龙 霸王龙 66.0

世界上最凶猛的恐龙——霸王龙

Tyrannosaurus

霸王龙

体形：体长约 12 米
体重约 8 吨

食性：肉食

生存年代：白垩纪

化石产地：北美洲，美国

说起世界上最凶猛的恐龙，那非霸王龙莫属了。

霸王龙有什么厉害的地方呢？让我们来看看吧！它有着庞大而粗壮的身体，又高又大的脑袋，宽阔的下巴，粗壮的像香蕉一样的牙齿。它的脖子不长，但十分结实，能为它提供强大的咬合力，它的前肢很短，虽然在捕猎时派不上用场，却在保持身体平衡中起到了作用。它的后肢修长强壮，能带来极快的行走速度，而那条长长的尾巴，也是保持平衡和攻击猎物的武器。这些优秀的素质，都让霸王龙成了恐龙世界的佼佼者。

比一比谁最长

让我们从书中找出下列恐龙的体长，根据比例尺用铅笔填涂长度柱状图，比一比谁最长吧！

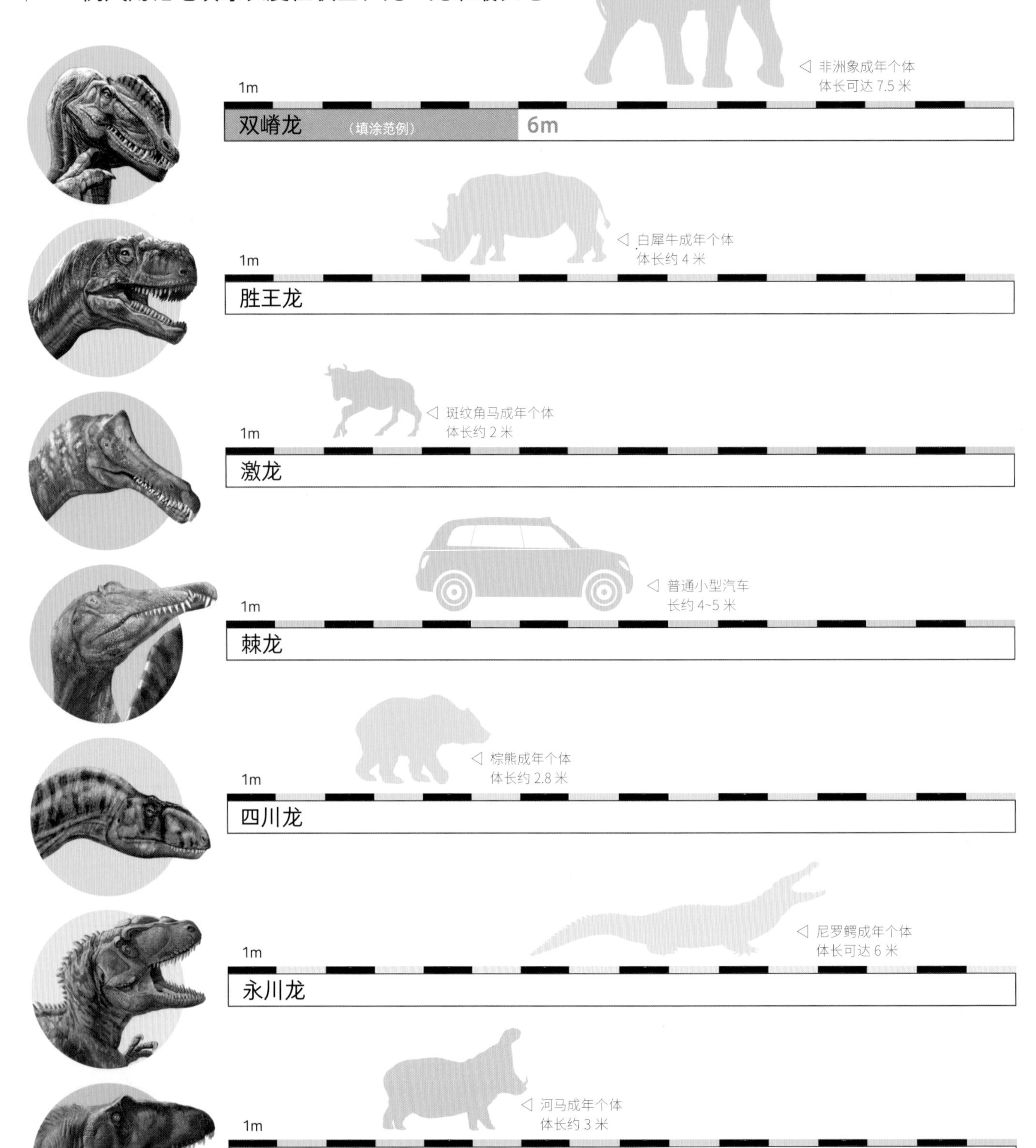

连连看谁最重

重量单位	
1吨	约为一辆小轿车的重量
1千克	约为两瓶矿泉水的重量

让我们从书中找出下列恐龙的体重，然后用铅笔将恐龙与它们的重量所对应的砝码连起来，看看它们谁最重吧！

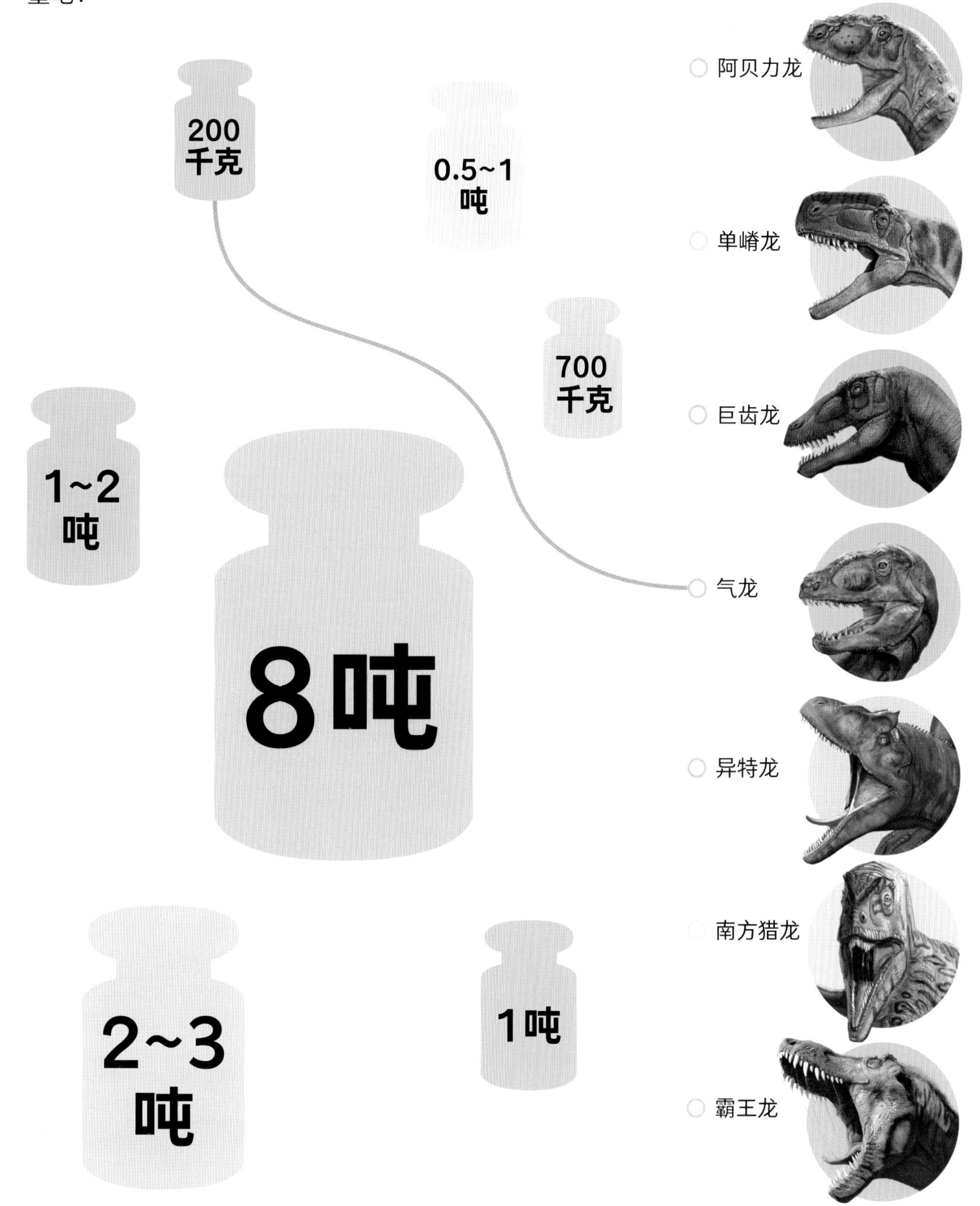

为霸王龙上色吧！

参考右侧的彩色小图，用水彩笔或者油画棒为上方的线描霸王龙上色，创作出自己的科学艺术作品吧！

PNSO恐龙大王幼儿百科

恐龙的秘密

可爱的小猎手

赵闯 / 绘　杨杨 / 文

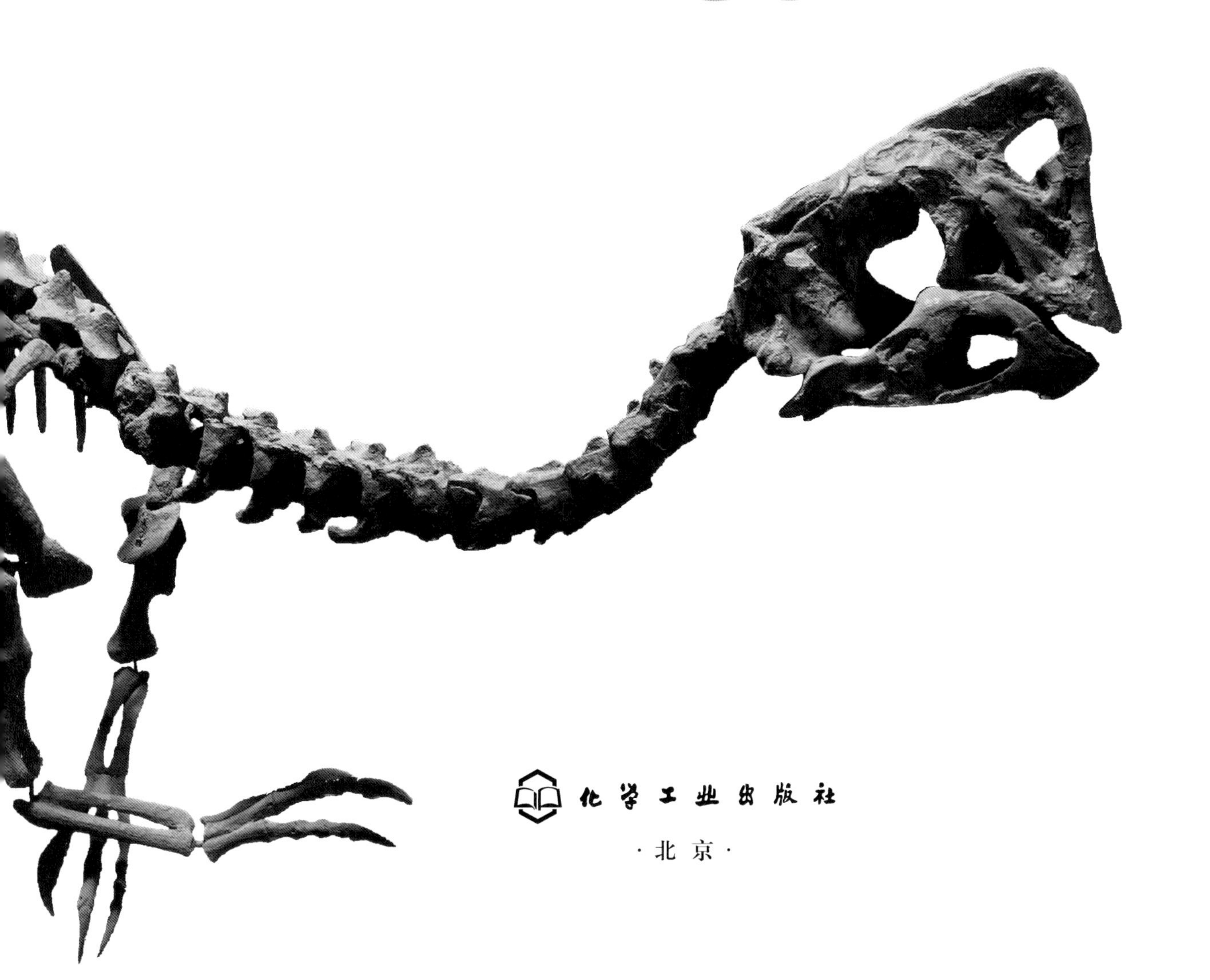

化学工业出版社

·北京·

图书在版编目(CIP)数据

恐龙的秘密.可爱的小猎手/赵闯绘；杨杨文.—北京：化学工业出版社，2020.10
（PNSO恐龙大王幼儿百科）
ISBN 978-7-122-37511-7

Ⅰ.①恐… Ⅱ.①赵… ②杨… Ⅲ.①恐龙-儿童读物 Ⅳ.①Q915.864-49

中国版本图书馆CIP数据核字(2020)第148790号

责任编辑：刘晓婷 潘英丽　　责任校对：王佳伟

出版发行：化学工业出版社（北京市东城区青年湖南街13号 邮政编码 100011）
印　　装：天津图文方嘉印刷有限公司
889mm×1194mm　1/16　印张15　2021年1月北京第1版第1次印刷

购书咨询：010-64518888　售后服务：010-64518899
网　　址：http://www.cip.com.cn
凡购买本书，如有缺损质量问题，本社销售中心负责调换。

定 价：168.00元（全10册）

目录

读在前面 | 引导章

恐龙知识 | 内容章

动起手来 | 互动章

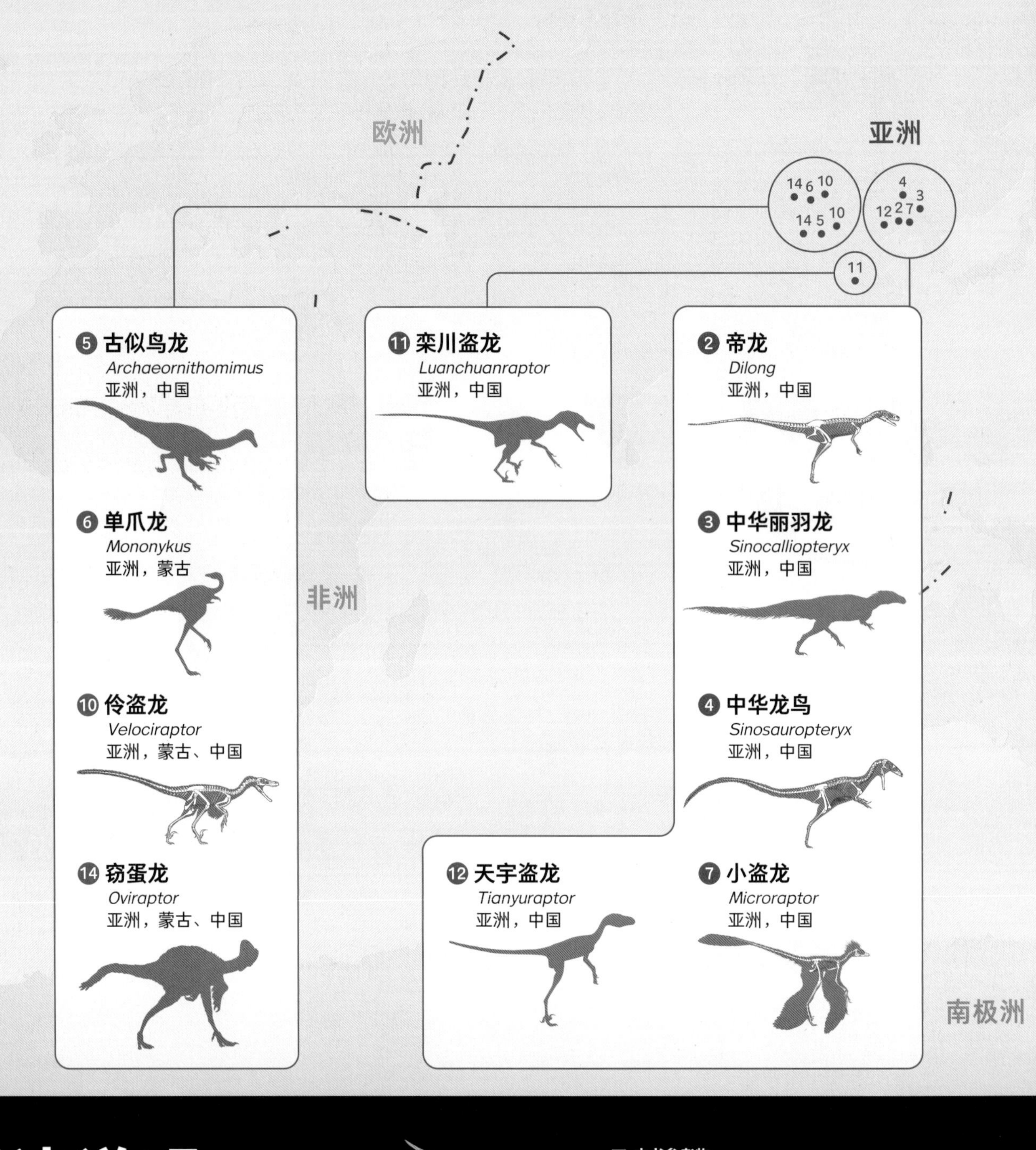

△ **长度比例尺**（每个小格代表 1 米长哦）

代					
纪	三叠纪			侏罗纪	
世	早三叠世	中三叠世	晚三叠世	早侏罗世	中侏罗世
距今年代（百万年）	251.9			约 201.3	

本书中的恐龙

主要化石产地分布示意图

图例：

大洲分界线 —·—

欧洲发掘点 ●

非洲发掘点 ●

亚洲发掘点 ●

大洋洲发掘点 ●

北美洲发掘点 ●

南美洲发掘点 ●

声明：

本示意图仅为说明恐龙发掘地的大概位置而设计，并非各国精确疆域图。

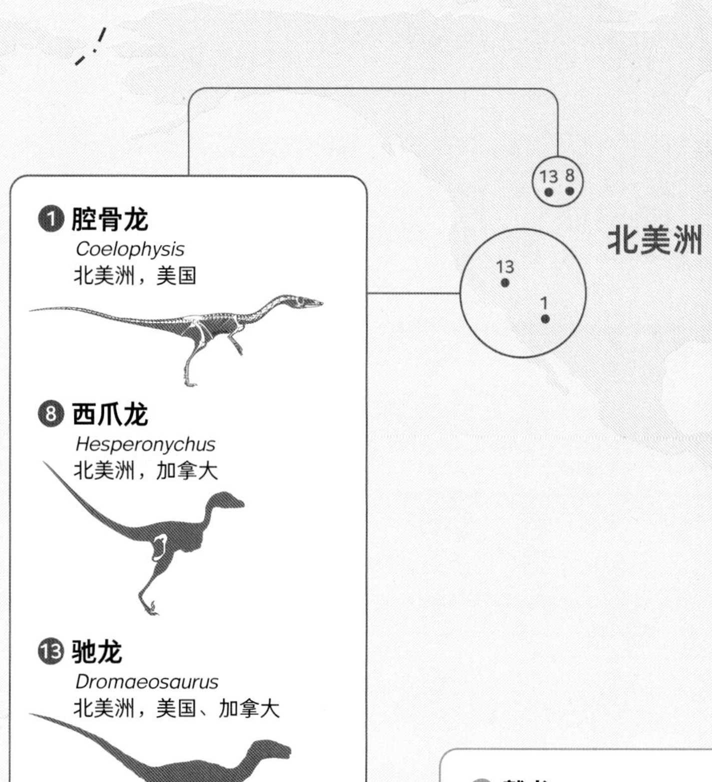

9

南美洲

恐龙的秘密
可爱的小猎手

所有的肉食恐龙都是庞然大物吗？它们都凶猛无比吗？在你认识这些可爱的小不点之前，可能会这样认为。但事实上，恐龙世界中有着数量庞大的娇小的猎手们。这些小型掠食恐龙不光体形小，身上还被覆着羽毛，它们中的一些甚至能像鸟类一样翱翔天空。它们虽然娇小，捕食的猎物也很小，但是它们的本领却很强大。接下来，我们就将带领大家去见识一下这群特别的小家伙。

孩子对于恐龙的热爱，是出于好奇的本能，而保护孩子这份珍贵的好奇心，并帮助孩子进行更加深入的探索，则是激发他们的想象力、创造力，并进行科学启蒙的最好方式。

我们将本书的探索过程分为三个阶段。首先，请孩子们自己欣赏书中的所有视觉作品，从恐龙生命形象复原图中认识恐龙，从恐龙与其他动物或物品的比较中了解恐龙，从比例尺、地图等工具中理解恐龙。其次，请家长或者老师陪伴孩子进行文字阅读，通过生动有趣的文字介绍，深刻地认知每一种恐龙的特点、习性、行动能力、生活方式等，打破时间和空间的限制，将孩子带入一个更加广阔的世界。最后，请孩子通过比较大小、寻找恐龙化石产地、为恐龙上色等环节，综合运用多种能力，将所学到的知识用于实践中，充分锻炼孩子的逻辑思维能力，提升孩子的想象力和创造力。

现在，就让我们一起进入神奇的探索之旅吧！

当过“宇航员”的恐龙——腔骨龙

你去过太空吗？我想肯定没有，也许你长大以后会实现这样的梦想。可是你知道吗，有一种名叫腔骨龙的肉食恐龙却像宇航员一样遨游过太空。当然，进行太空之旅的并不是活着的腔骨龙，而是它的头骨化石。

腔骨龙是出现时间最早的肉食恐龙之一，体形非常小，只有 2~3 米长，身体纤细，运动灵活，是一种敏捷的掠食者。

Coelophysis
腔骨龙

体形：体长 2～3 米

食性：肉食

生存年代：三叠纪

化石产地：北美洲，美国

▽ 帝龙 成年个体

▽ 家猫成年个体 体长约 0.5 米

腔骨龙 ▷ 成年个体

猎豹成年个体 体长约 1.5 米 ▷

50cm

长羽毛的霸王龙祖先——帝龙

帝龙是霸王龙的祖先，也是人们发现的第一种长有羽毛的暴龙类恐龙。不过，帝龙的羽毛和鸟类的羽毛可不一样，它们没有羽轴，不能让帝龙飞翔，只能为它保暖。

帝龙虽然来自暴龙家族，但是它和霸王龙的外形却大相径庭。帝龙的体形非常小，体长大约只有 1~2 米，再加上全身毛茸茸的，看起来非常可爱，一点也不像凶猛的掠食者。可事实上，娇小的帝龙还是很厉害的，能轻松地对付很多小型猎物。而就是这样的小可爱，最终演化成了凶猛的霸王龙。

Dilong
帝龙

体形：体长 1～2 米

食性：肉食

生存年代：白垩纪

化石产地：亚洲，中国

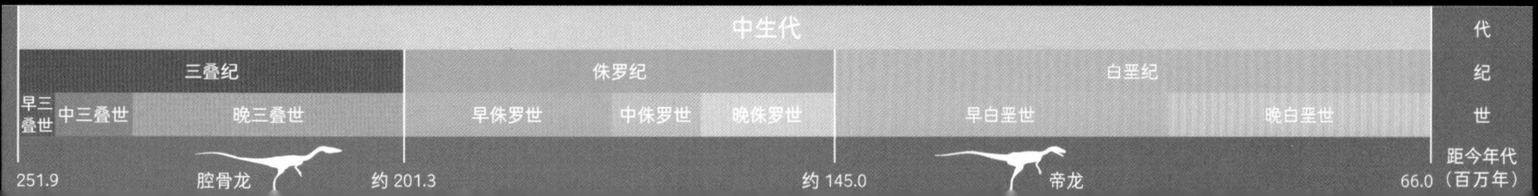

中生代								代
三叠纪			侏罗纪			白垩纪		纪
早三叠世	中三叠世	晚三叠世	早侏罗世	中侏罗世	晚侏罗世	早白垩世	晚白垩世	世
251.9	腔骨龙		约 201.3		约 145.0	帝龙	66.0	距今年代（百万年）

娇小家族中的大个子——中华丽羽龙

中华龙鸟——它的颜色我知道

你想知道恐龙的皮肤都是什么颜色吗？想要回答这个问题，就得找到保存在化石中的一样秘密武器——黑素体，然后再据此分析。体形娇小的中华龙鸟就是第一种被破解皮肤颜色秘密的恐龙，人们不仅在它的化石中发现了羽毛印痕，让人们第一次知道原来恐龙并不是全都由鳞片覆盖的，也有像鸟一样长有羽毛的，而且通过黑素体，人们还知道中华龙鸟的羽毛在生前呈现栗色或红棕色，而尾巴则是橙色和白色相间的，非常漂亮！

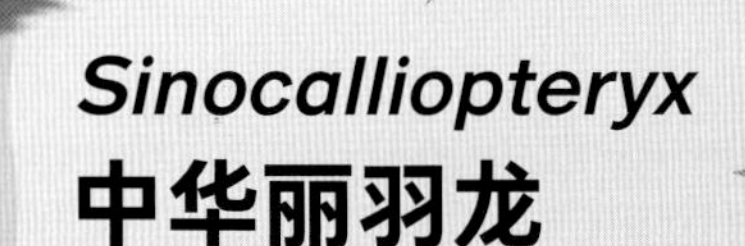

Sinocalliopteryx

中华丽羽龙

体形：体长 2.37 米

食性：肉食

生存年代：白垩纪

化石产地：亚洲，中国

中华丽羽龙来自美颌龙家族，这个族群的恐龙都非常小，所以像中华丽羽龙这样，虽然体长大约只有 2.37 米，在整个肉食恐龙家族中根本不算什么，但却是美颌龙家族中的大个子。

身披羽毛的中华丽羽龙有一个很大的脑袋，嘴里布满锋利的牙齿，前肢上长有可怕的利爪，它生性凶猛，科学家曾经在它的肚子中发现过一只驰龙科恐龙的腿骨，这说明它当时把猎物的腿整个吞到了肚子里，真是太可怕了！

Sinosauropteryx

中华龙鸟

体形：体长 0.9 ～ 2 米

食性：肉食

生存年代：白垩纪

化石产地：亚洲，中国

像一只大鸵鸟的
古似鸟龙

古似鸟龙是一种似鸟龙科恐龙，这是一群和鸟非常像的恐龙。所以，你瞧古似鸟龙的样子看起来一点也不像传统意义上的恐龙，倒像一只大大的鸵鸟，它又瘦又高，浑身长满羽毛，跑起来也很快。古似鸟龙喜欢捕食昆虫和一些小动物，有时候也喜欢吃一些果子。因为体形不大，古似鸟龙便喜欢集体作战，它们会依靠群体的力量让捕猎变得轻松一些。

Archaeornithomimus

古似鸟龙

体形：体长约 3.3 米

食性：杂食

生存年代：白垩纪

化石产地：亚洲，中国

代	中生代								
纪	三叠纪			侏罗纪			白垩纪		
世	早三叠世	中三叠世	晚三叠世	早侏罗世	中侏罗世	晚侏罗世	早白垩世	晚白垩世	
距今年代（百万年）	251.9		约 201.3			约 145.0		古似鸟龙 单爪龙	66.0

单爪龙——它的爪子看上去好孤单呀！

Mononykus

单爪龙

体形：体长约 1 米

食性：杂食

生存年代：白垩纪

化石产地：亚洲，蒙古

单爪龙的样子很奇特，在它的前肢上长着一个非常显眼的孤零零的爪子。别看单爪龙爪子的数量少，可是对于它来说却十分重要。因为单爪龙的体形很小，没办法像其他大型肉食恐龙那样捕食大的猎物，而它的爪子便成了最合适的捕食工具，可以帮它从白蚁洞穴里掏蚂蚁，就像食蚁兽那样。

长有四个翅膀的小精灵——小盗龙

小盗龙是一种非常特别的肉食恐龙，不仅个子很小，是最小的恐龙之一，而且还长着四个翅膀，可以像鸟类一样飞翔。虽然它的飞行本领并不算高，但也能娴熟地滑翔了。对于生活在陆地上的恐龙来说，这可真是一个奇迹！

小盗龙来自驰龙科恐龙家族，因此它也拥有家族的标志性特征——后肢上高高翘起的第 2 趾，就像镰刀一样，是它捕食猎物的好工具。

▽ 杰克森变色龙成年个体
体长约 0.25 米

▽ 西爪龙
成年个体

小盗龙 ▷
成年个体

10cm

Microraptor
小盗龙

体形：体长 0.5 ～ 0.77 米

食性：肉食

生存年代：白垩纪

化石产地：亚洲，中国

代	中生代							
纪	三叠纪			侏罗纪			白垩纪	
世	早三叠世	中三叠世	晚三叠世	早侏罗世	中侏罗世	晚侏罗世	早白垩世	晚白垩世
距今年代（百万年）	251.9			约 201.3			约 145.0 小盗龙	西爪龙 66.0

最小的恐龙之一——西爪龙

Hesperonychus

西爪龙

体形：体长约 0.7 米

食性：肉食

生存年代：白垩纪

化石产地：北美洲，加拿大

西爪龙是爱吃肉的恐龙，可是它们一点儿都不像其他肉食恐龙那么威风：它们看起来就像一只喜鹊那么大，被认为是最小的恐龙之一。小有很多好处，比如只要抓到一只蜥蜴，它们就能轻松地填饱肚子；再比如它们行动灵活，遇到危险能及时逃跑；还有，它们可以很好地隐蔽自己，不被别的动物发现，这让它们的捕食变得容易了不少！

迅捷的猎手——鹫龙

鹫龙和小盗龙、西爪龙一样都是驰龙科恐龙，虽然体形不大，但凭借锋利的牙齿和爪子，迅捷的速度，以及团队协作能力，依然成为优秀的猎手。现在，让我们来看看它们捕猎的盛况吧！

一只可爱的加斯帕里尼龙正在津津有味地吃着蕨类植物，那食物看上去很新鲜，甚至还挂着清晨的露珠。那是爱吃植物的恐龙最喜欢吃的东西。可就在这时候，三只鹫龙发现了加斯帕里尼龙，它们偷偷地从后面将它包围了起来，可怜的加斯帕里尼龙一点儿都没觉察。天哪，一场大战要开始了！

Buitreraptor

鹫龙

体形：体长 1.5 米

食性：肉食

生存年代：白垩纪

化石产地：南美洲，阿根廷

代	中生代							
纪	三叠纪			侏罗纪			白垩纪	
世	早三叠世	中三叠世	晚三叠世	早侏罗世	中侏罗世	晚侏罗世	早白垩世	晚白垩世
距今年代（百万年）	251.9			约 201.3			约 145.0	伶盗龙 鹫龙 66.0

聪明的猎人——伶盗龙

你知道恐龙家族里谁最聪明吗？霸王龙？剑龙？异特龙？哈哈，都不对，让我来告诉你吧，是鼎鼎有名的伶盗龙。它们虽然还不如我们人类聪明，可是却比牛、马聪明多了，堪称最聪明的恐龙之一。

伶盗龙会在战斗中运用战术，跟踪、伏击、团队协作，它们凭借自己的智慧，以及尖牙利爪，成为当地最可怕的猎手。虽然它们的体长还不到 2 米，可是依然会让那些植食恐龙们瑟瑟发抖！

Velociraptor

伶盗龙

体形：体长 1.8 米

食性：肉食

生存年代：白垩纪

化石产地：亚洲，蒙古、中国

栾川盗龙——
悄无声息的捕猎专家

Luanchuanraptor
栾川盗龙

体形：体长约 2.6 米

食性：肉食

生存年代：白垩纪

化石产地：亚洲，中国

白垩纪的一个清晨，森林里寂静得能听到流水抚摸石头的声音。两只栾川盗龙蹑手蹑脚地从一根横卧在水中的树干上走过，想要捕食树枝上的那只蜥蜴。

捕食蜥蜴对于栾川盗龙来说，原本不是一件难事。它们可以用锋利的边缘带有锯齿的牙齿，把蜥蜴咬住，也可以将闪着寒光的爪子插进蜥蜴的身体里，可是现在，这只蜥蜴所在的位置有点太高了！

栾川盗龙小心翼翼地等待着机会，一阵风吹来，树叶颤抖了起来。小蜥蜴警惕地四下张望，没想到竟然看到了身后那两个可怕的家伙。它想赶紧逃，可一不小心，居然从树枝上掉了下来，直接掉到了“猎人”的嘴巴里！

短胳膊的小恐龙——天宇盗龙

体形娇小的猎手们——驰龙科恐龙，除了后肢上长有镰刀般的大爪子以外，也都拥有较长的前肢。可是天宇盗龙却是个例外，它的前肢非常短，只有后肢长度的一半。

不过，短小的前肢除了剥夺了它能飞上天空的可能性之外，并没有给天宇盗龙带来太大的困惑，它修长强劲的后肢依然能为它提供迅捷的行动能力，而锋利的牙齿和爪子，也依然具有足够的杀伤力。

Tianyuraptor
天宇盗龙

体形：体长约 1.5 ～ 2 米

食性：肉食

生存年代：白垩纪

化石产地：亚洲，中国

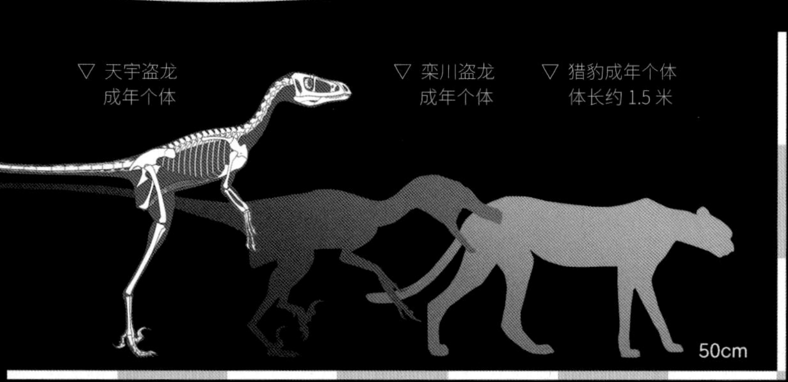

中生代								代
三叠纪			侏罗纪			白垩纪		纪
早三叠世	中三叠世	晚三叠世	早侏罗世	中侏罗世	晚侏罗世	早白垩世	晚白垩世	世
251.9		约 201.3			约 145.0	天宇盗龙	栾川盗龙 66.0	距今年代（百万年）

用集体的力量捕杀敌人的
驰龙

驰龙是非常聪明的恐龙，虽然它们个个都很厉害，但一般情况下它们还是喜欢约上 3 ～ 5 只同伴一起行动，用集体的智慧和力量去捕杀敌人。“人多力量大”的道理在它们那个年代也适用，它们的猎杀行动几乎都不会失败！

Dromaeosaurus

驰龙

体形：体长 2 米

食性：肉食

生存年代：白垩纪

化石产地：北美洲，美国、加拿大

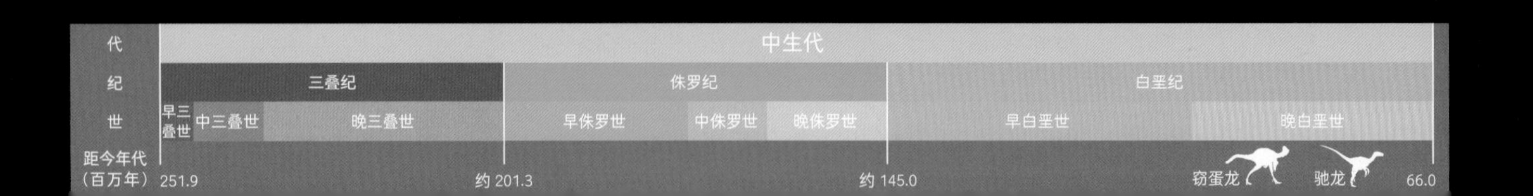

窃蛋龙
可不喜欢偷蛋

窃蛋龙的名字一听就和偷蛋有关系，很多人以为窃蛋龙最喜欢偷吃别人的蛋。可是，这并不是真的。科学家在最初发现窃蛋龙的时候，因为其破碎的头骨出现在一窝蛋中，误以为它是在偷蛋过程中死去的，所以就给它起了窃蛋龙这个名字。可是后来他们才发现，那只窃蛋龙根本不是在偷蛋，而是在保护自己的蛋宝宝不被别的恐龙偷走时，不幸遇难了。因此，小小的窃蛋龙可不喜欢偷蛋，它们是尽职尽责的好父母！

Oviraptor
窃蛋龙

体形：体长约 1.8 ～ 2.5 米

食性：杂食

生存年代：白垩纪

化石产地：亚洲，蒙古、中国

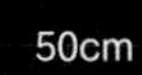

比一比谁最小

让我们从书中找出下列恐龙的体长，根据比例尺用铅笔填涂长度柱状图，比一比谁最小吧！

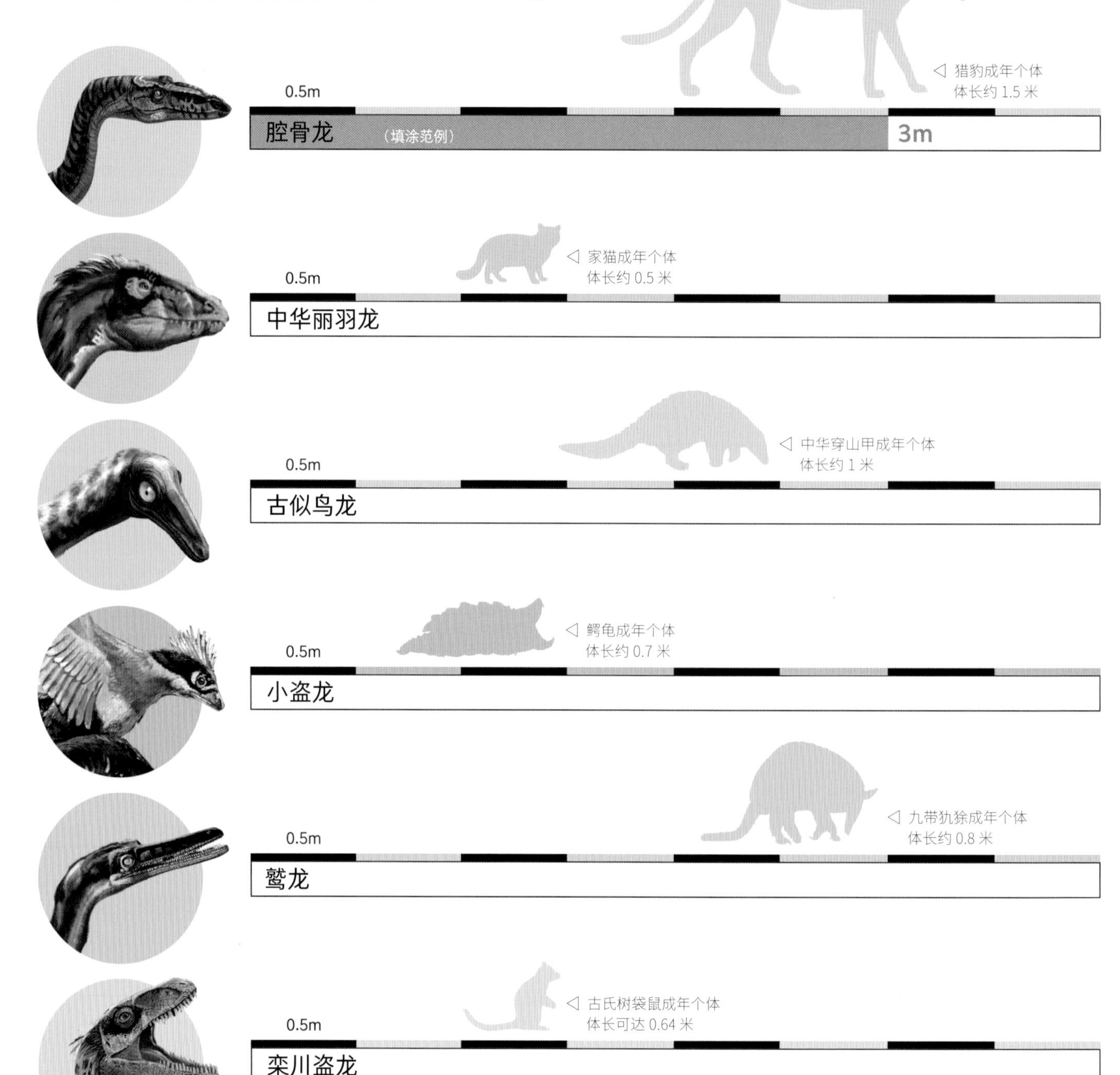

连连看化石来自哪里

让我们从书中找出下列恐龙的化石产地，然后用铅笔将恐龙与它们的化石产地所在大洲连起来，数一数这 6 只恐龙中有几只的化石产地在亚洲吧！

七大洲位置示意图

■亚洲 ■欧洲 ■非洲 ■大洋洲
■南极洲 ■北美洲 ■南美洲

本示意图仅为说明大洲的大概位置而设计，并非各国精确疆域图。

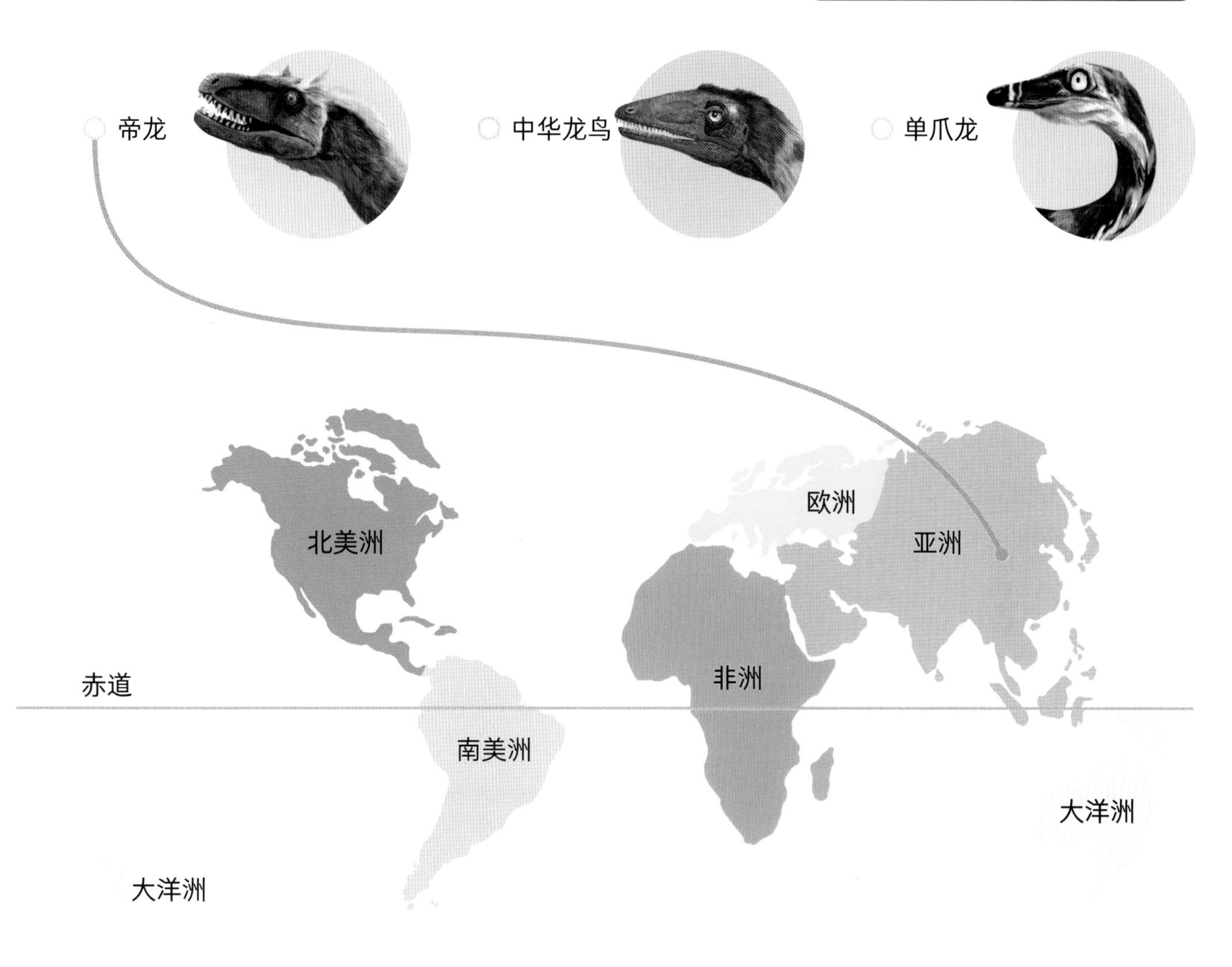

西半球 **东半球**

为伶盗龙上色吧！

参考右侧的彩色小图，用水彩笔或者油画棒为上方的线描伶盗龙上色，创作出自己的科学艺术作品吧！

PNSO恐龙大王幼儿百科

恐龙的秘密

恐怖的庞然大物

赵闯 / 绘　杨杨 / 文

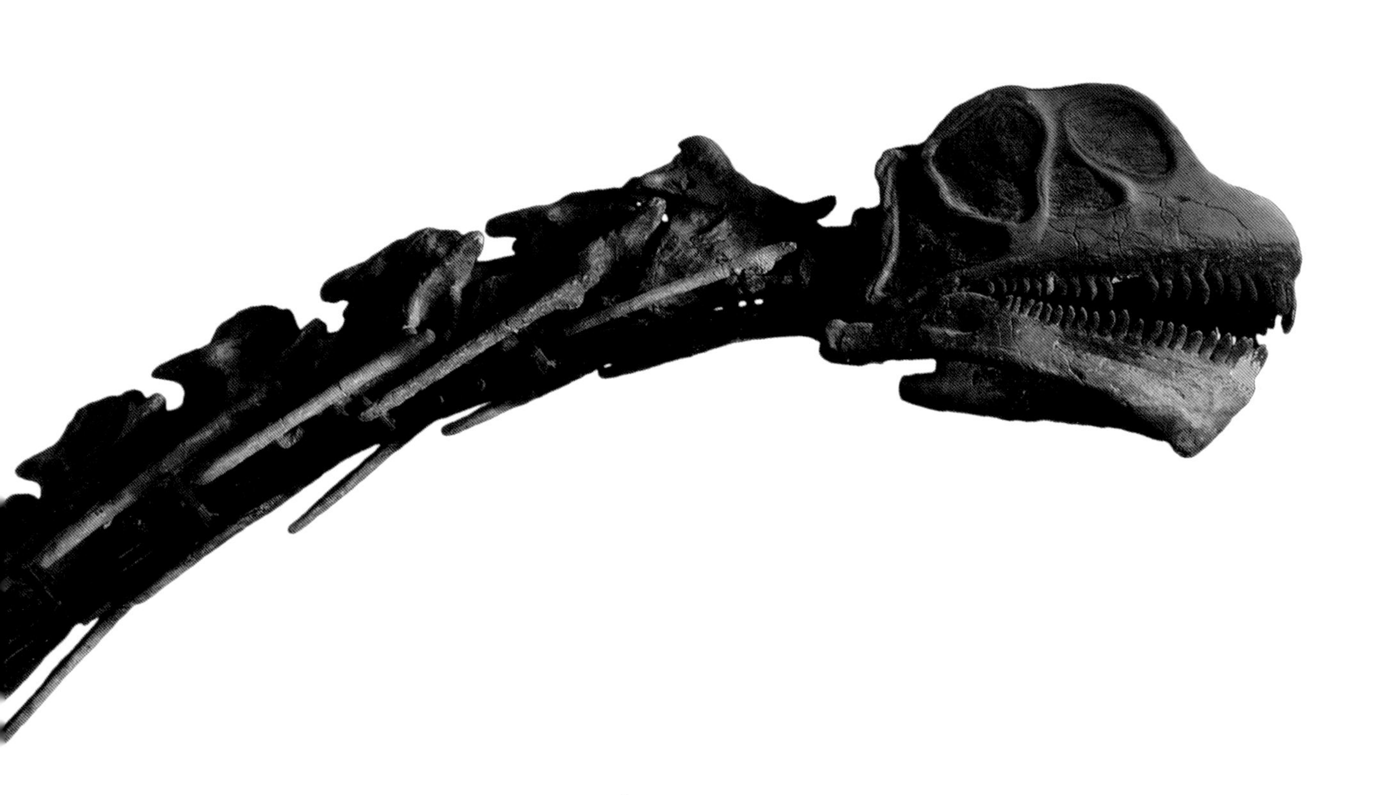

化学工业出版社

·北京·

图书在版编目(CIP)数据

恐龙的秘密.恐怖的庞然大物/赵闯绘；杨杨文.—北京：化学工业出版社，2020.10

（PNSO 恐龙大王幼儿百科）

ISBN 978-7-122-37511-7

Ⅰ.①恐… Ⅱ.①赵… ②杨… Ⅲ.①恐龙－儿童读物 Ⅳ.① Q915.864-49

中国版本图书馆 CIP 数据核字 (2020) 第 148788 号

责任编辑：刘晓婷 潘英丽　　责任校对：王佳伟

出版发行：化学工业出版社（北京市东城区青年湖南街 13 号 邮政编码 100011）

印　　装：天津图文方嘉印刷有限公司

889mm × 1194mm　1/16　印张 15　2021 年 1 月北京第 1 版第 1 次印刷

购书咨询：010-64518888　售后服务：010-64518899

网　　址：http：//www.cip.com.cn

凡购买本书，如有缺损质量问题，本社销售中心负责调换。

定 价：168.00 元（全10册）

目录

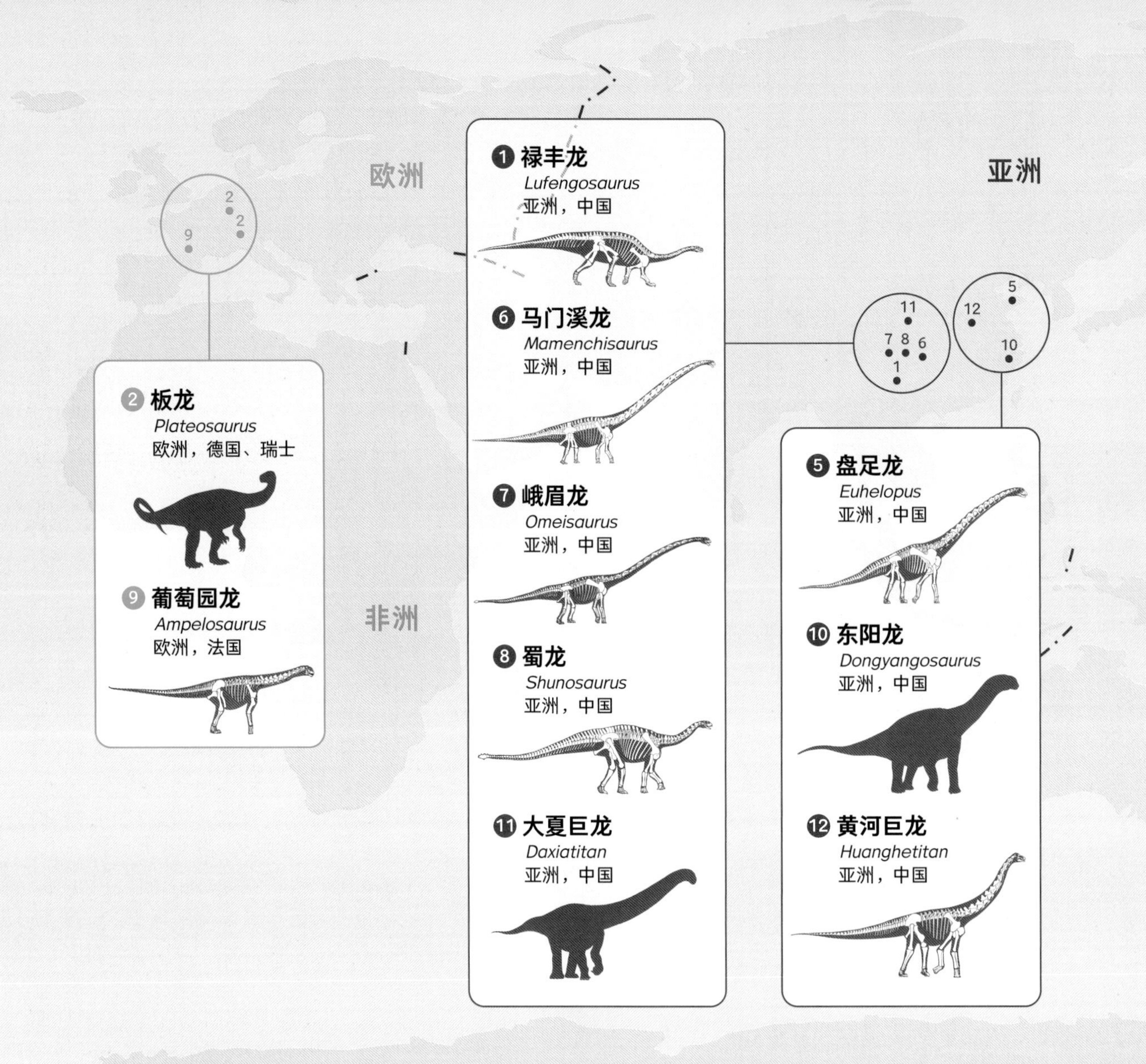

△ **长度比例尺**（每个小格代表 1 米长哦）

代					
纪	三叠纪			侏罗纪	
世	早三叠世	中三叠世	晚三叠世	早侏罗世	中侏罗世
距今年代（百万年）	251.9			约 201.3	

本书中的恐龙
主要化石产地分布示意图

图例：

大洲分界线 —·—

欧洲发掘点 ·　　大洋洲发掘点 ·

非洲发掘点 ·　　北美洲发掘点

亚洲发掘点　　南美洲发掘点 ·

声明：

本示意图仅为说明恐龙发掘地的大概位置而设计，并非各国精确疆域图。

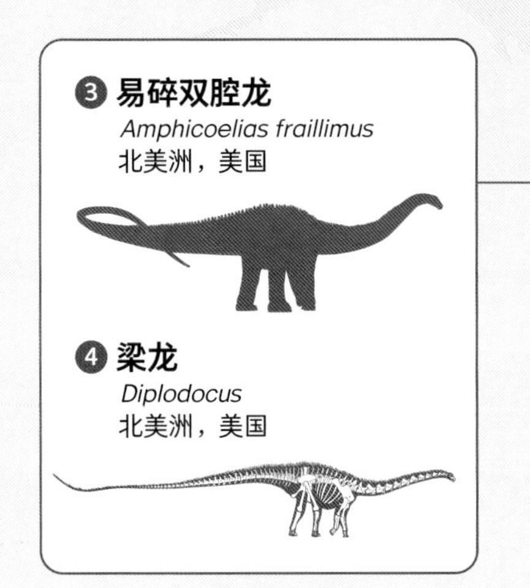

北美洲

4
3

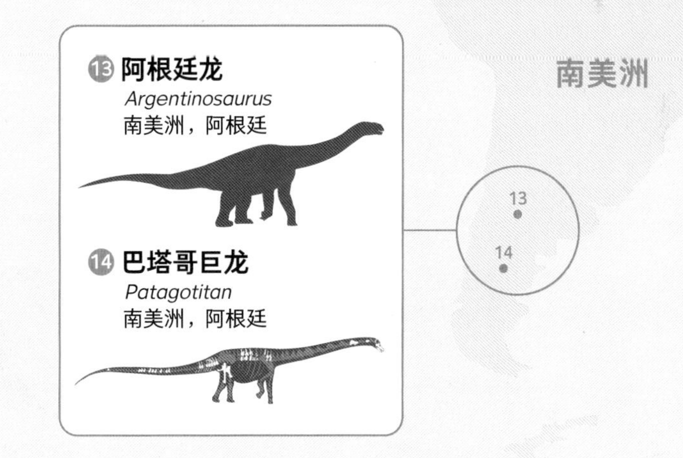

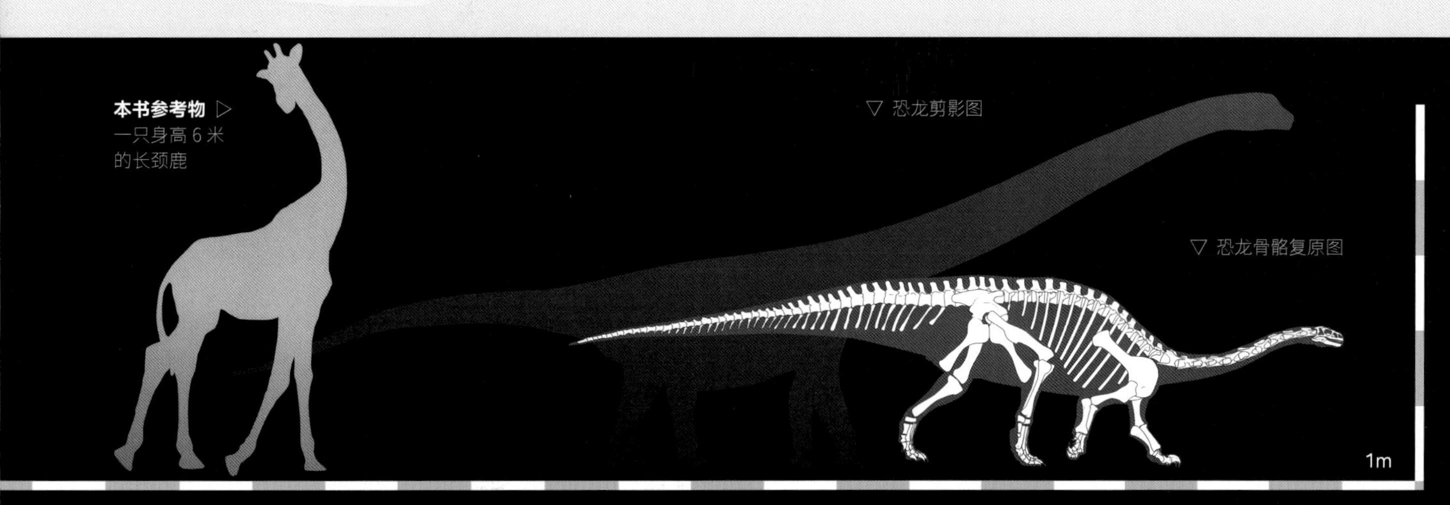

▽ 本书中的恐龙的地质年代表

中生代		
	白垩纪	
晚侏罗世	早白垩世	晚白垩世
约 145.0		66.0

恐龙的秘密
恐怖的庞然大物

今天我们能在陆地上看到的最大的动物是什么？大象。最高的动物又是什么？对，是长颈鹿。当我们看到它们的时候，觉得它们实在是太大了，太高了。可是，假如我们拿它们和将要在这本书里看到的那些蜥脚型类恐龙相比，它们简直就是可爱的小不点。蜥脚型类恐龙是世界上出现过的最大的陆地动物，动辄几十米的体长，让那些想要捕食它们的肉食恐龙望而生畏。怎么样，孩子们已经迫不及待地想要去看看它们了吧！

孩子对于恐龙的热爱，是出于好奇的本能，而保护孩子这份珍贵的好奇心，并帮助孩子进行更加深入的探索，则是激发他们的想象力、创造力，并进行科学启蒙的最好方式。

我们将本书的探索过程分为三个阶段。首先，请孩子们自己欣赏书中的所有视觉作品，从恐龙生命形象复原图中认识恐龙，从恐龙与其他动物或物品的比较中了解恐龙，从比例尺、地图等工具中理解恐龙。其次，请家长或者老师陪伴孩子进行文字阅读，通过生动有趣的文字介绍，深刻地认知每一种恐龙的特点、习性、行动能力、生活方式等，打破时间和空间的限制，将孩子带入一个更加广阔的世界。最后，请孩子通过比较大小、测量体重、为恐龙上色等环节，综合运用多种能力，将所学到的知识用于实践中，充分锻炼孩子的逻辑思维能力，提升孩子的想象力和创造力。

现在，就让我们一起进入神奇的探索之旅吧！

前肢上长有锋利大爪子的
禄丰龙

Lufengosaurus

禄丰龙

体形：体长 5 ～ 8 米
体重 1 ～ 3 吨

食性：植食

生存年代：侏罗纪

化石产地：亚洲，中国

阳光明媚，空气中混杂着新鲜树叶的香味，禄丰龙伸了个懒腰，准备到外面散散步。它一点儿都不饿，因为它喜欢吃的树叶在雨水的滋润下，疯狂地生长，把它的肚子填得满满的。

禄丰龙来自庞大的蜥脚型类恐龙家族，不过它的体形并不像大部分家族成员那样庞大，因为它是家族中最早出现的成员之一，相比同时代的其他植食恐龙，它已经非常大了。禄丰龙有着长长的脖子和尾巴，它的前肢长有锋利的爪子，能够防御敌人，也能帮自己采食。

体形相差较大的恐龙——板龙

像禄丰龙一样，板龙也是最早出现的蜥脚型类恐龙，它长有锋利的大爪子。板龙的每个前肢上都长有 5 根指头，其中三根指头上的尖爪非常锋利，利用这些爪子，板龙可以抵挡那些想要攻击它们的恐龙，也可以从树冠上够叶子吃，这对它们来说非常实用！

不同的板龙体形相差很大，有一些成年板龙还不到 5 米，而另一些则能长到 10 米。板龙也具有蜥脚型类恐龙的共同特征，脖子和尾巴都很长，脑袋较小，嘴里布满细长的牙齿。

Plateosaurus

板龙

体形：体长 5 ～ 10 米
　　　体重 1 ～ 4 吨

食性：植食

生存年代：三叠纪

化石产地：欧洲，德国、瑞士

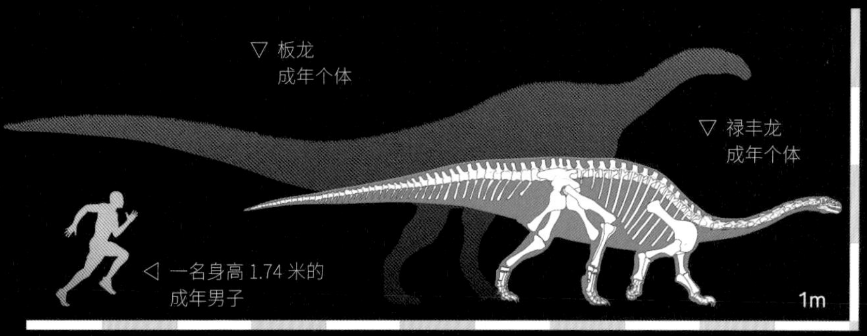

▽ 板龙
成年个体

▽ 禄丰龙
成年个体

◁ 一名身高 1.74 米的
成年男子

1m

传说中最大的恐龙——易碎双腔龙

恐龙世界中有很多大个子，可究竟谁是最大的呢？很多人认为是双腔龙，因为它的家族中有一种被叫作“易碎双腔龙”的成员，体长经推测能达到 50 ～ 60 米，这简直突破了人类想象的极限。不过，易碎双腔龙的体形是根据唯一一块化石推测的，而且在科学家研究后不久，这块化石就神秘地消失了。因为没有更多的化石证据证明世界上的确存在易碎双腔龙这种恐龙，所以它也只能成为传说中最大的恐龙了。而我们知道目前人们发现的最大的恐龙是巴塔哥巨龙，体长能达到 40 米。

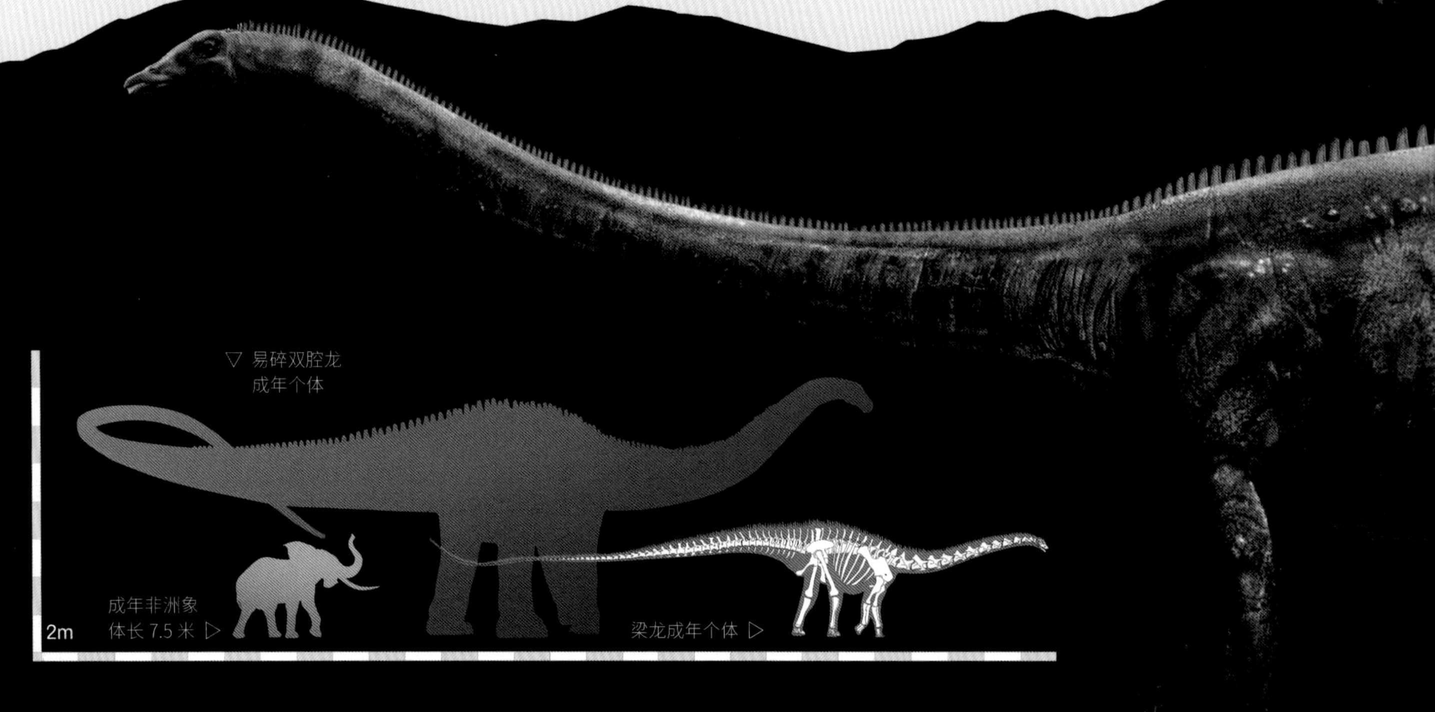

Amphicoelias fraillimus
易碎双腔龙

体形：体长 50 ～ 60 米
体重约 120 吨

食性：植食

生存年代：侏罗纪

化石产地：北美洲，美国

尾巴像鞭子一样的恐龙——梁龙

和易碎双腔龙相比，梁龙的命运就好多了，它的化石非常多，所以人们能够有机会深入了解它。

梁龙的身体很大，是陆地上有史以来最大的动物之一，但是相比长长的身体，它的体重却很轻。你知道这是为什么吗？因为它身体的大部分都被细长的脖子和尾巴占据了！梁龙的脖子虽然很长，却不能自由弯曲，不过它长长的尾巴还不错，可以像一条鞭子一样甩来甩去。这是它最有效的自卫武器，当有敌人靠近时，它可以甩动尾巴来鞭打驱赶敌人。

Diplodocus
梁龙

体形：体长 25 ～ 35 米
体重约 30 吨

食性：植食

生存年代：侏罗纪

化石产地：北美洲，美国

会跳芭蕾舞的 盘足龙

Euhelopus
盘足龙

体形：体长约 15 米
　　　体重约 15 吨

食性：植食

生存年代：白垩纪

化石产地：亚洲，中国

Mamenchisaurus
马门溪龙

体形：体长 18 ～ 35 米
　　　体重 15 ～ 40 吨

食性：植食

生存年代：侏罗纪

化石产地：亚洲，中国

盘足龙成年个体 ▷

2m

◁ 马门溪龙成年个体

◁ 成年长颈鹿高度可达 6 米

◁ 身高 1.74 米成年男子

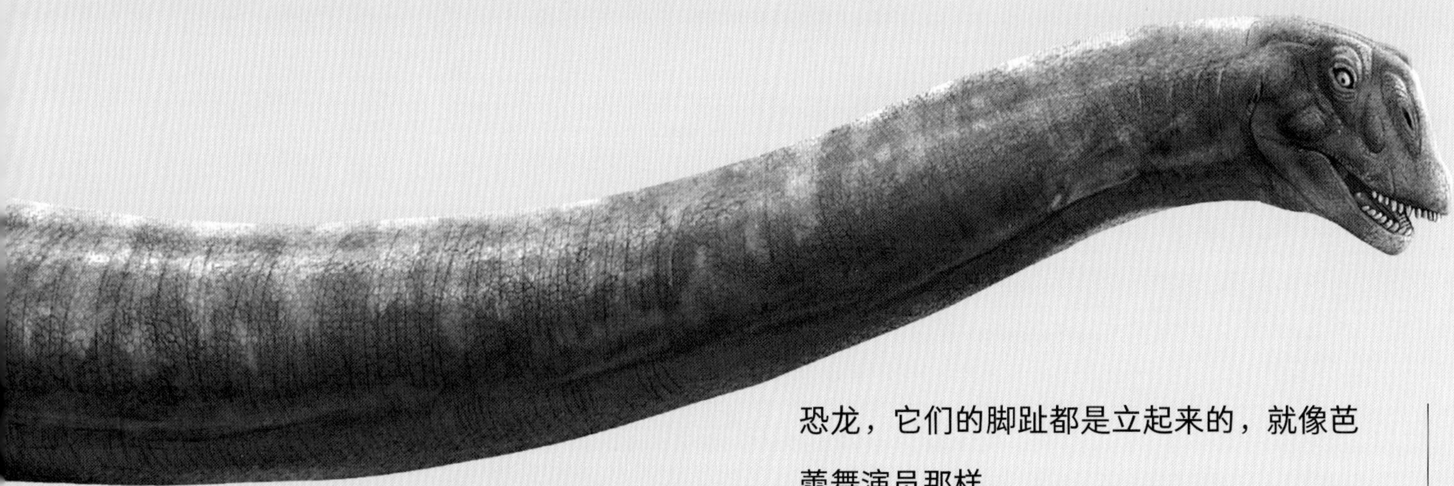

盘足龙是人们最早发现的蜥脚型类恐龙之一，那时候人们对蜥脚型类恐龙还不太了解，以为它们的脚趾是散开平铺在地上的，就像一个大盘子，所以科学家就给它起名盘足龙。可是，后来科学家发现，包括盘足龙在内的蜥脚型类恐龙，它们的脚趾都是立起来的，就像芭蕾舞演员那样。

盘足龙的脖子很长，因为它的前肢比后肢要长，所以它的脖子能像长颈鹿一样抬得很高，这能帮它够到高处的食物。

身上有一座长长索桥的马门溪龙

在马门溪龙的身上有一座长长的索桥，一头儿连接着小小的脑袋，一头儿连接着大大的身子，而且它还微微地有点倾斜。哈哈，你是不是已经猜出来了，那是马门溪龙的脖子。对了，如果从脖子与身体的比例来看，马门溪龙是地球上脖子最长的动物，它的脖子几乎占了整个身体的一半！

有了这条长长的脖子，马门溪龙的采食范围被大大扩大了，它能够站在一个地方不动，只在水平方向上转动脖子，就能吃到一大片食物。

代	中生代							
纪	三叠纪			侏罗纪			白垩纪	
世	早三叠世	中三叠世	晚三叠世	早侏罗世	中侏罗世	晚侏罗世	早白垩世	晚白垩世

距今年代（百万年）：251.9　约 201.3　马门溪龙　约 145.0　盘足龙　66.0

蜀龙——它的尾巴上有秘密武器！

甘愿做一只平凡恐龙的 峨眉龙

峨眉龙似乎是一只平凡的恐龙。它的样子看上去没什么特别的，和别的蜥脚型类恐龙一样有一条长长的脖子和一条长长的尾巴，身体粗壮，脑袋很小，之前人们以为它的尾巴末端长有一个骨质尾锤，是防御武器，可后来才发现长有尾锤的是它的亲戚蜀龙。虽然平凡，但峨眉龙从没有觉得这有什么不好，相反它们生活得很快乐，家族兴旺，是今天中国侏罗纪地层最常见的蜥脚型类恐龙之一。

代	中生代								
纪	三叠纪			侏罗纪			白垩纪		
世	早三叠世	中三叠世	晚三叠世	早侏罗世	中侏罗世	晚侏罗世	早白垩世	晚白垩世	
距今年代（百万年）	251.9			约 201.3	峨眉龙	蜀龙	约 145.0		66.0

蜀龙虽然来自大型的蜥脚型类恐龙，但是它的体形并不算大，而且，和我们印象中的蜥脚型类恐龙相比，它的脖子也要短一些。不过，蜀龙有一个很特别的地方是其他许多蜥脚型类恐龙没有的，在它长长的尾巴末端长有一个椭圆形的骨质尾锤，这是它防身御敌的秘密武器！有了这件宝贝，即便它的个头没有亲戚峨眉龙那么大，它也能很好地保护自己。

Shunosaurus
蜀龙

体形：体长 8 ～ 12 米
体重约 10 吨

食性：植食

生存年代：侏罗纪

化石产地：亚洲，中国

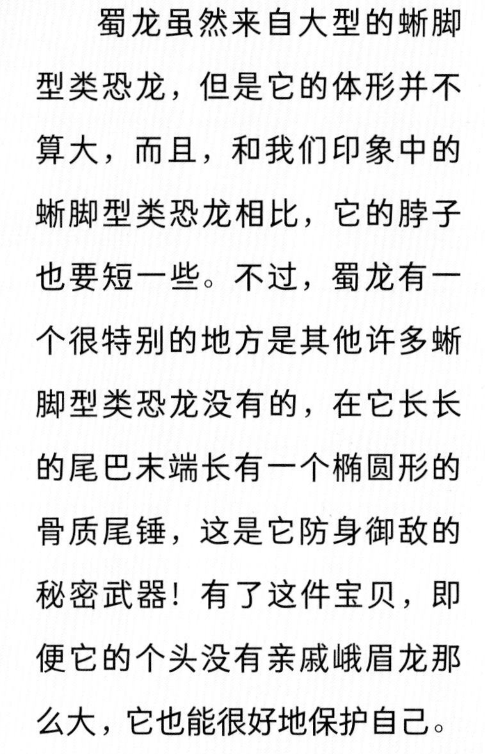

▽ 峨眉龙成年个体

▽ 蜀龙成年个体

2m

Omeisaurus
峨眉龙

体形：体长 11 ～ 20 米
体重 10 ～ 20 吨

食性：植食

生存年代：侏罗纪

化石产地：亚洲，中国

身上长满“葡萄”的
葡萄园龙

Ampelosaurus
葡萄园龙

体形：体长可达 15 米
体重约 15 吨

食性：植食

生存年代：白垩纪

化石产地：欧洲，法国

东阳龙——
哪里更适合生宝宝呢？

每到恐龙要生宝宝的时候，它们就会花上很长一段时间来选一块合适的地方——温度不能太低，泥土也不能太硬，这样才有助于顺利孵化宝宝。现在，东阳龙就要为自己选一块好地方，迎接宝宝的出生。

东阳龙的体形庞大，身长约 16 米，高 5 米，身体和四肢都很粗壮，拥有长长的脖子和尾巴。

Dongyangosaurus
东阳龙

体形：体长约 16 米
体重约 15 吨

食性：植食

生存年代：白垩纪

化石产地：亚洲，中国

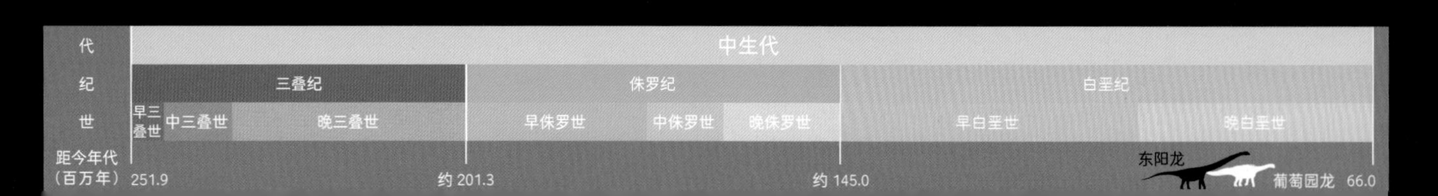

科学家之所以给葡萄园龙起这个名字是因为它的化石是在法国南部的一个葡萄园里被发现的，可是我觉得这个名字更像是在形容葡萄园龙的样子，因为在它的背上长满了疙疙瘩瘩的可以保护自己的突起的鳞甲，看上去就像是一串串葡萄。葡萄园龙有一条长长的脖子，但并不灵活，只能左右小幅度地摆动。它还有一条长尾巴，它的四肢粗壮，爱吃新鲜的植物。

用八字脚走路的大家伙——大夏巨龙

大夏巨龙可是个大家伙，身体不仅很长，而且非常粗壮。它的四肢也壮如柱子，以便支撑庞大的身体。它的脑袋很小，脖子很长，几乎占了身体的一半。

为了满足庞大身体的能量消耗，只要大夏巨龙醒着，它大部分时间都得用来吃东西。为了填饱肚子，它从不挑食，但是进食效率很低，所以进食的时间会很长。

大夏巨龙虽然非常庞大，但是一点也不让人害怕，相反它很可爱，喜欢用八字脚走路，非常滑稽。

Daxiatitan
大夏巨龙

体形：体长约 26 米
体重大约超过了 60 吨

食性：植食

生存年代：白垩纪

化石产地：亚洲，中国

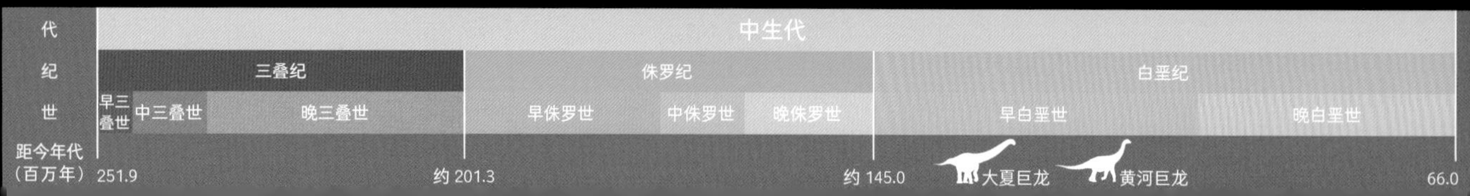

代	中生代							
纪	三叠纪			侏罗纪			白垩纪	
世	早三叠世	中三叠世	晚三叠世	早侏罗世	中侏罗世	晚侏罗世	早白垩世	晚白垩世
距今年代（百万年）	251.9		约 201.3			约 145.0	大夏巨龙 黄河巨龙	66.0

恐龙世界的大胖墩儿——黄河巨龙

黄河巨龙是恐龙世界出了名的大胖墩儿，被称为“亚洲龙王”。它身长大约 15 米，光是一根脚趾就有 20 厘米长，它的屁股有 2.8 米宽，要很多小朋友张开手臂才能抱得住。当然，它的胃口也和它的身子一样大。瞧瞧，这只黄河巨龙已经将自己领地上的树木吃得光秃秃的了。为了寻找更多的食物，它必须向更遥远的地方迁徙了！

▽ 大夏巨龙成年个体

▽ 身高 1.74 米 成年男子

◁ 黄河巨龙 成年个体

2m

Huanghetitan

黄河巨龙

体形：体长约 15 米
体重 15 ～ 20 吨

食性：植食

生存年代：白垩纪

化石产地：亚洲，中国

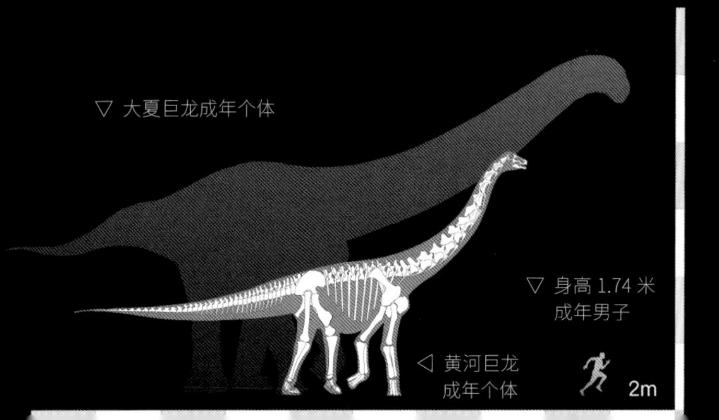

世界上最大的恐龙——巴塔哥巨龙

巴塔哥巨龙是目前世界上发现的最大的恐龙，体长能达到 40 米，臀高 6 米，体重能达到 80 吨，这听起来可实在是太恐怖了，我们从来没有在现今的陆地上看到过这么大的动物。巴塔哥巨龙的身体超级粗壮，光是肚子就有 5 米长，能容纳大量的食物。它的四肢也很壮硕，以便承受这样巨大的身体，并保证它能轻松自由地行动。

Patagotitan

巴塔哥巨龙

体形：体长约 40 米
体重约 80 吨

食性：植食

生存年代：白垩纪

化石产地：南美洲，阿根廷

代	中生代							
纪	三叠纪			侏罗纪			白垩纪	
世	早三叠世	中三叠世	晚三叠世	早侏罗世	中侏罗世	晚侏罗世	早白垩世	晚白垩世
距今年代（百万年）	251.9			约 201.3			约 145.0 阿根廷龙	巴塔哥巨龙 66.0

曾经是世界上最大的恐龙——阿根廷龙

在很长一段时间里，阿根廷龙曾经被认为是世界上最大的恐龙。它不像传说中最大的恐龙——易碎双腔龙那样只有一块已经遗失的化石，它留下来的化石足够多，所以我们能确定它的体长有 33 ～ 38 米，体重能达到 73 吨，惊人的数字让它长期稳坐最大恐龙的宝座，直到发现于中国的汝阳龙出现后，它才离开这个宝座。不过，随着越来越多恐龙化石的发现，汝阳龙也已经不再是最大的恐龙。目前，是同样发现于阿根廷的巴塔哥巨龙坐上了这个宝座，在不久的将来也可能被其他恐龙所取代。

Argentinosaurus

阿根廷龙

体形：体长 33 ～ 38 米
体重约 73 吨

食性：植食

生存年代：白垩纪

化石产地：南美洲，阿根廷

▽ 阿根廷龙
成年个体

▽ 一辆长约
5 米的越野车

巴塔哥巨龙 ▷
成年个体

2m

比一比谁最长

让我们从书中找出下列恐龙的体长，根据比例尺用铅笔填涂长度柱状图，比一比谁最长吧！

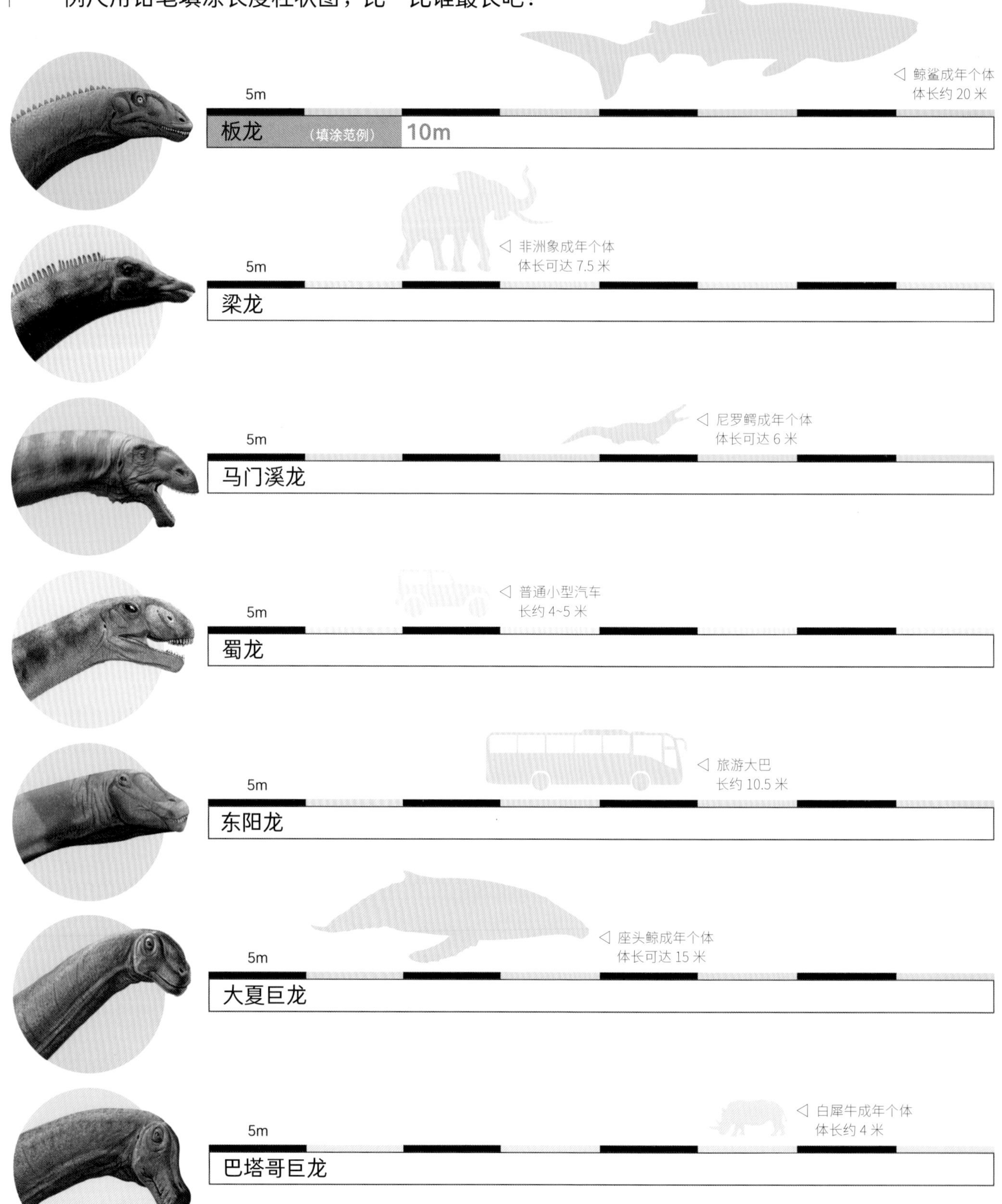

连连看谁最重

重量单位	
1吨	约为一辆小轿车的重量
1千克	约为两瓶矿泉水的重量

让我们从书中找出下列恐龙的体重，然后用铅笔将恐龙与它们的重量所对应的砝码连起来，看看它们之中谁最重吧！

1~3吨

10~20吨

15吨

120吨

73吨

15~20吨

禄丰龙

易碎双腔龙

盘足龙

峨眉龙

葡萄园龙

黄河巨龙

阿根廷龙

为马门溪龙上色吧！

参考右侧的彩色小图，用水彩笔或者油画棒为上方的线描霸马门溪龙上色，创作出自己的科学艺术作品吧！

恐龙的秘密

威猛的装甲武士

赵闯 / 绘　杨杨 / 文

化学工业出版社

·北京·

图书在版编目(CIP)数据

恐龙的秘密.威猛的装甲武士/赵闯绘；杨杨文.—北京:化学工业出版社，2020.10

（PNSO恐龙大王幼儿百科）

ISBN 978-7-122-37511-7

Ⅰ.①恐… Ⅱ.①赵… ②杨… Ⅲ.①恐龙－儿童读物 Ⅳ.①Q915.864-49

中国版本图书馆CIP数据核字(2020)第148785号

责任编辑：刘晓婷 潘英丽　　责任校对：王佳伟

出版发行：化学工业出版社（北京市东城区青年湖南街13号 邮政编码 100011）

印　　装：天津图文方嘉印刷有限公司

889mm×1194mm　1/16　印张15　2021年1月北京第1版第1次印刷

购书咨询：010-64518888　售后服务：010-64518899

网　　址：http：//www.cip.com.cn

凡购买本书，如有缺损质量问题，本社销售中心负责调换。

定 价：168.00元（全10册）

目录

读在前面 | 引导章

恐龙知识 | 内容章

动起手来 | 互动章

阅读说明

▽ **本书参考物**
一名身高 1.74 米
的成年男子

▽ **本书参考物**
一辆长 5 米的越野车

▽ **本书参考物**
一只体长约 4 米的白犀牛

△ **长度比例尺**（每个小格代表 1 米长哦）

代						
纪	三叠纪			侏罗纪		
世	早三叠世	中三叠世	晚三叠世	早侏罗世		中侏罗世
距今年代（百万年）	251.9			约 201.3		

本书中的恐龙

主要化石产地分布示意图

图例：

大洲分界线 —·—

欧洲发掘点 · 大洋洲发掘点

非洲发掘点 · 北美洲发掘点

亚洲发掘点 · 南美洲发掘点

声明：

本示意图仅为说明恐龙发掘地的大概位置而设计，并非各国精确疆域图。

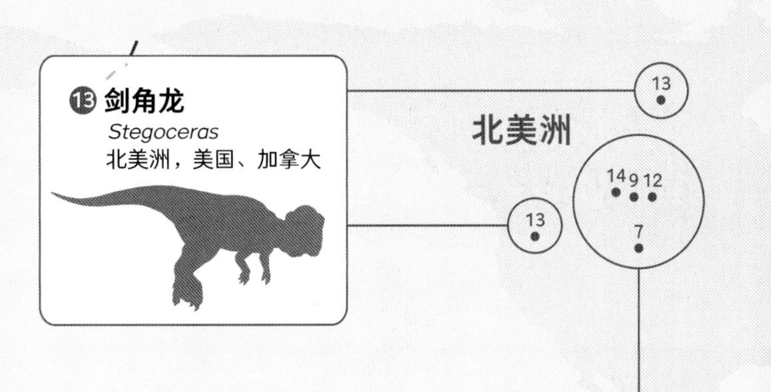

南美洲

⑦ **剑龙**

Stegosaurus

北美洲，美国

⑨ **蜥结龙**

Sauropelta

北美洲，美国

⑫ **甲龙**

Ankylosaurus

北美洲，美国

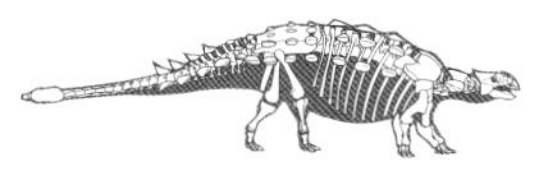

⑭ **肿头龙**

Pachycephalosaurus

北美洲，美国

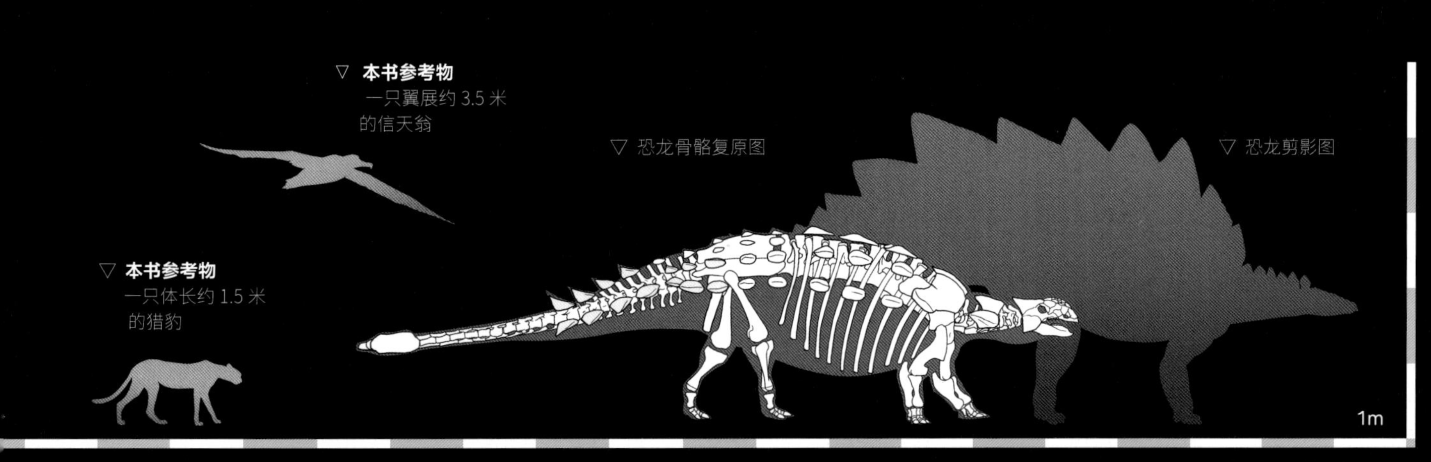

▽ 本书中的恐龙的地质年代表

中生代		
	白垩纪	
晚侏罗世	早白垩世	晚白垩世

约 145.0 … 66.0

恐龙的秘密

威猛的装甲武士

植食恐龙都是温顺的吗？它们遇到掠食者的攻击，只能逃跑吗？如果看到这些背上长有骨板，尾巴拥有尖刺，或者身体被硬实的甲板覆盖，尾巴上可能还有“流星锤”的家伙，孩子们可能就不会这么想了。这些身披装甲的恐龙来自剑龙家族和甲龙家族，因为强大的“武器”，它们可能不像我们想象得那么温顺，在遇到危险时，也会选择用战斗来保护自己。对于这样一群爱吃植物的战士，孩子们是不是感到非常好奇呢？

孩子对于恐龙的热爱，是出于好奇的本能，而保护孩子这份珍贵的好奇心，并帮助孩子进行更加深入的探索，则是激发他们的想象力、创造力，并进行科学启蒙的最好方式。我们将本书的探索过程分为三个阶段。首先，请孩子们自己欣赏书中的所有视觉作品，从恐龙生命形象复原图中认识恐龙，从恐龙与其他动物或物品的比较中了解恐龙，从比例尺、地图等工具中理解恐龙。其次，请家长或者老师陪伴孩子进行文字阅读，通过生动有趣的文字介绍，深刻地认知每一种恐龙的特点、习性、行动能力、生活方式等，打破时间和空间的限制，将孩子带入一个更加广阔的世界。最后，请孩子通过比较大小、给恐龙分类、为恐龙上色等环节，综合运用多种能力，将所学到的知识用于实践中，充分锻炼孩子的逻辑思维能力，提升孩子的想象力和创造力。现在，就让我们一起进入神奇的探索之旅吧！

没有骨板和尖刺的大地龙

背上骨板最多的恐龙——华阳龙

剑龙家族以背上的骨板而闻名，而华阳龙却以骨板的数量多而闻名。它的背上一共长有 16 对骨板，是剑龙家族中骨板数量最多的恐龙之一。这些骨板又尖又细，特别是臀部上方的几块骨板，就像超大号的钉子，它们对称地排列在华阳龙的背上，看上去非常威风。除了骨板，华阳龙的肩膀上还有两根大大的尖刺，这可以保护它的肩膀和脖子。华阳龙的体形虽然不大，但是因为这些厉害的武器，使得它能轻松面对当地著名的掠食者——气龙。

Huayangosaurus

华阳龙

体形：体长 4.5 米
体重约 1 吨

食性：植食

生存年代：侏罗纪

化石产地：亚洲，中国

Tatisaurus
大地龙

体形：体长约 2 米
　　　体重约 50 千克

食性：植食

生存年代：侏罗纪

化石产地：亚洲，中国

大地龙来自神气的剑龙家族，可是它却没有剑龙家族引以为傲的骨板，它身体上那些看似想要变成骨板的突起小得可以忽略不计！不过，即使是这样，大地龙也还是一种非常伟大的恐龙，因为它是剑龙家族的开创者，这一庞大的家族改变了植食恐龙的命运，在面对掠食者时，它们能做的不再只是逃跑，还可以主动防御。

行动敏捷的剑龙类恐龙——

钉状龙

Kentrosaurus
钉状龙

体形：体长约 5 米
体重约 1.5 吨

食性：植食

生存年代：侏罗纪

化石产地：非洲，坦桑尼亚

剑龙类恐龙除了威风的骨板，小小的脑袋和缓慢的步伐也是它们的标志性特征。正因为如此，它们总是给人以愚笨的印象。不过，家族中的钉状龙可能是个例外。

我们都知道剑龙类恐龙是四足行走的动物，但是科学家却发现钉状龙很可能会两足行走。因为他们发现了一种两足行走的恐龙足迹，足迹的形状看起来和钉状龙非常相像。如果这是真的，那就表明依靠两足行走的钉状龙是一种行动敏捷的动物。

钉状龙除了行动可能很敏捷之外，还像其他剑龙家族成员一样长有骨板、尾刺，可以帮助它防御敌人。

Miragaia
米拉加亚龙

体形：体长 5.5 ～ 6 米
体重 1.5 ～ 2 吨

食性：植食

生存年代：侏罗纪

化石产地：欧洲，葡萄牙

脖子很长的
米拉加亚龙

剑龙家族都是以短脖子而著称的，可米拉加亚龙偏偏是个长脖子。它体长大约只有 6 米，可是脖子却有 1.8 米长，这个比例比很多以长脖子著称的蜥脚型类恐龙都要大。长长的脖子当然有很多好处啦，比如可以让它看得很远，也可以帮它吃到树顶上的叶子！

米拉加龙的背上长有数量众多的骨板，尾巴上也长有尖刺，可以很好地保护它自己。

中生代
三叠纪 | 侏罗纪 | 白垩纪
早三叠世 | 中三叠世 | 晚三叠世 | 早侏罗世 | 中侏罗世 | 晚侏罗世 | 早白垩世 | 晚白垩世
251.9 | 约 201.3 | 钉状龙 米拉加亚龙 | 约 145.0 | 66.0
代 纪 世
距今年代（百万年）

肩佩大刀的将军——巨棘龙

Gigantspinosaurus 巨棘龙

体形：体长 5.4 米
体重约 1.5 吨

食性：植食

生存年代：侏罗纪

化石产地：亚洲，中国

神气的大将军一般都把大刀佩戴在腰间。不过，巨棘龙不喜欢那么做，它把自己的“大刀”佩戴在了肩膀上。看，它正试图用这把“大刀”穿透凶猛的掠食者永川龙的皮肉，而永川龙惊恐的嚎叫声证明了它的威力！

巨棘龙的这把“大刀”其实是它的肩棘，这是很多剑龙类恐龙特有的结构，它与其背上的骨板、尾巴上的尖刺一起构成了不可小觑的战斗武器。

不仅如此，巨棘龙还因为的鳞片表面粗糙凹凸的构造，降低了其体表的亮度，增强了隐蔽性，使得它们能更好地隐蔽而不被掠食者发现。

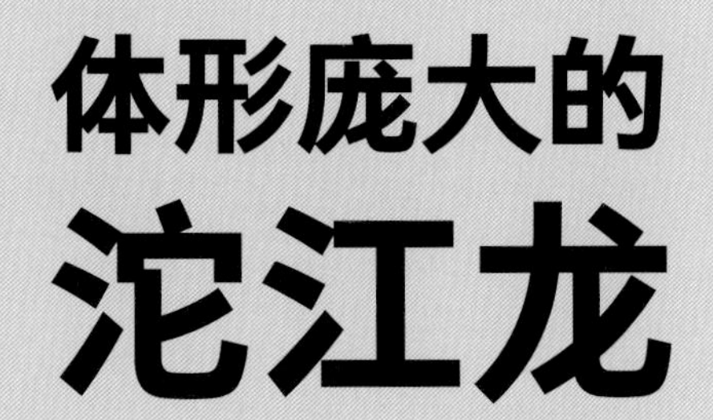

体形庞大的 沱江龙

沱江龙也是一种剑龙类恐龙，像其他家族成员一样，它的背上长有骨板，尾巴上有锋利的尖刺，它的肩膀上还有利剑一样的肩棘，这些是它威猛的防御武器。

不仅如此，沱江龙还是剑龙家族的大块头，它的体长能达到 7.5 米，看起来威猛无比。即便是凶猛的体长 8 米的永川龙在它面前，它也毫不示弱。

沱江龙的前肢远远短于后肢，这使得它行动非常缓慢，但它一点也不介意，有了庞大的体形和威力无比的武器，它总是有能力保护自己。

Tuojiangosaurus

沱江龙

体形：体长约 7.5 米
体重约 3 吨

食性：植食

生存年代：侏罗纪

化石产地：亚洲，中国

中生代 | 代
三叠纪 | 侏罗纪 | 白垩纪 | 纪
早三叠世 | 中三叠世 | 晚三叠世 | 早侏罗世 | 中侏罗世 | 晚侏罗世 | 早白垩世 | 晚白垩世 | 世
251.9 | 约 201.3 | 巨棘龙 沱江龙 | 约 145.0 | 66.0 | 距今年代（百万年）

最大的剑龙类恐龙——剑龙

Stegosaurus
剑龙

体形：体长 7 ～ 9 米
体重约 2.5 ～ 4 吨

食性：植食

生存年代：侏罗纪

化石产地：北美洲，美国

剑龙是最大的剑龙类恐龙，也是最威猛的家族成员。

剑龙的体长大约 7~9 米，身体非常粗壮。它的背上分布有 17~22 块骨板，最高的能达到 76 厘米，看起来非常吓人。它的尾巴上长有四根锋利的尖刺，每一根都长达 1 米，是最有效的防御武器。

剑龙的头部前端已经特化成了坚硬的角质喙，能切割坚硬的食物，比如松柏、苏铁等。它的角质喙中没有牙齿，所有的牙齿都集中在面颊部。它的脖子较短，下颌到脖子处长有一排小骨片排列成的骨板，形成了颈部完美的装甲。

虽然剑龙不太聪明，行动也很缓慢，但是因为个头庞大，而且拥有众多“武器”，所以掠食者并不敢轻易靠近它。

剑龙家族的最后成员——乌尔禾龙

Wuerhosaurus
乌尔禾龙

体形：体长约 7 米
体重约 2.5 吨

食性：植食

生存年代：白垩纪

化石产地：亚洲，中国

剑龙家族威猛而奇特，只可惜生存的时间并不长，之前人们一直认为剑龙在侏罗纪晚期就已经灭绝了，但是乌尔禾龙的发现却证明，剑龙家族仍然有成员生活至白垩纪。

乌尔禾龙不仅生存的时代最晚，外形也和其他剑龙类恐龙有所差别，它的背上也长有骨板，但是骨板并不是大家熟知的三角形或者细长形，而是又矮又宽，类似于长方形。

乌尔禾龙的体形很大，身体较为低矮，多以低矮的植物为食。

▽ 乌尔禾龙
成年个体

▽ 剑龙
成年个体

1m

长有长尾巴的 蜥结龙

甲龙类恐龙是另外一群身披装甲的恐龙，和剑龙类恐龙长有高耸的骨板、锋利的尖刺不同，甲龙类恐龙的装甲看起来比较低调。它们全身都被甲片包裹，看起来就像坦克一样，防御能力极强。

蜥结龙是一种甲龙类恐龙，它就拥有这样一套完美的装备：不仅脖子、背部和屁股都覆盖着坚硬的甲片，身体两侧还有大型的尖刺，它们可以同时满足蜥结龙防御和进攻的需要。蜥结龙还有一个特点，它的尾巴非常长，这条尾巴看上去很僵硬，它总是高高地抬起，在空中晃来晃去，吓唬敌人。

Sauropelta
蜥结龙

体形：体长约 5 米
体重约 1.5 吨

食性：植食

生存年代：白垩纪

化石产地：北美洲，美国

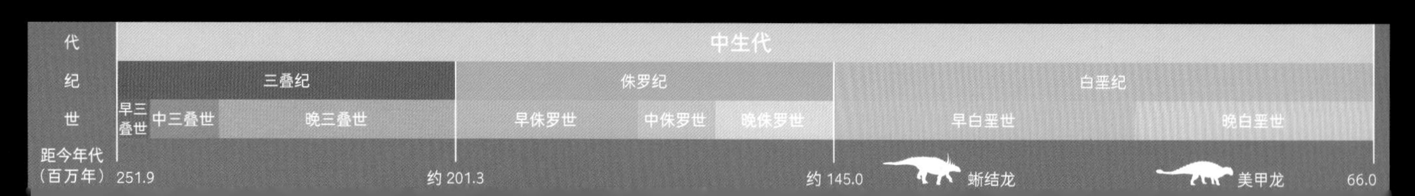

拥有最完美装甲的
美甲龙

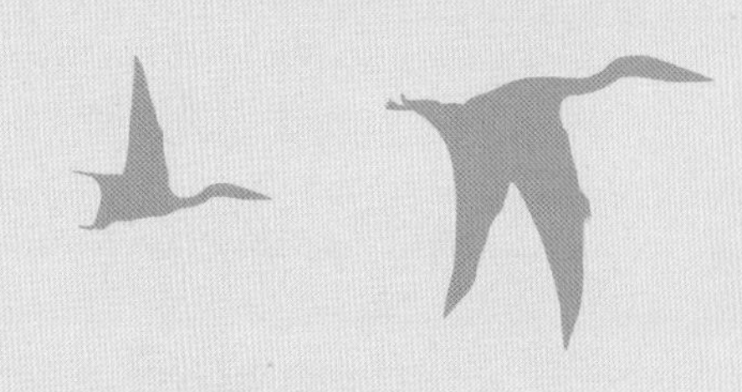

甲龙类恐龙的装甲真让其他恐龙羡慕，可是你们或许不知道甲龙家族的恐龙们其实也有羡慕的对象，那就是美甲龙。人们之所以为美甲龙取这个名字，是因为它的化石很漂亮，不过用这个名字来描述它完美的装甲似乎更贴切呢！

美甲龙的鳞甲覆盖着它的脖子、背部、臀部、尾巴，甚至脑袋，不仅如此，它的身体两侧、尾巴两侧、四肢上都长有长而锋利的骨刺，而且它的尾巴末端还长有结实的尾锤，可以用来攻击掠食者。这些装甲完美地包裹着美甲龙的身体，使得它身上几乎看不到任何裸露的地方，怪不得连其他长有装甲的甲龙类成员也都羡慕它呢！

Saichania
美甲龙

体形：体长约 7 米
体重约 2 吨

食性：植食

生存年代：白垩纪

化石产地：亚洲，蒙古

毫不惧怕掠食者的
中原龙

早晨的天气非常凉爽，浑身被覆着装甲和尖刺的中原龙迫不及待地从美梦中醒来，它要趁着天气还不是太热的时候到池塘边享用自己的早餐。中原龙走到池塘边的时候，两只栾川盗龙已经在那里喝水了。虽然它们是嗜血的肉食恐龙，可是中原龙一点都不害怕，它从它们身边走过，一直走到了池塘边低矮的植物旁边，旁若无人地大口嚼了起来。也是，在身长 5 米、被装甲包裹的中原龙面前，那两个吃肉的小不点儿即使心有余也力不足！

最大的甲龙类恐龙——
甲龙

剑龙类恐龙在白垩纪消亡以后，甲龙家族便接替了它们的位置，成为防御能力最强的植食恐龙，而甲龙又是甲龙家族中体形最大也最厉害的成员。

从最新的研究看，甲龙的体长能达到7 米，十分壮硕，它的身体被坚硬结实的甲片包裹着，就连眼皮上也有。这套完整的装备，就像一件刀枪不入的战衣，能够抵挡最凶猛的掠食者——霸王龙。

甲龙不光有装甲战衣，它的尾巴末端还有大而结实的尾锤，它重约 50 千克，是非常可怕的武器。不管哪个掠食者被这个尾锤砸中，都会受到致命的伤害！

Zhongyuansaurus
中原龙

体形：体长 5 米
体重约 1.5 吨

食性：植食

生存年代：白垩纪

化石产地：亚洲，中国

Ankylosaurus
甲龙

体形：体长约 7 米
体重约 4 吨

食性：植食

生存年代：白垩纪

化石产地：北美洲，美国

最厉害的肿头龙类恐龙——肿头龙

肿头龙是肿头龙家族中体形最大，也最厉害的成员。像其他肿头龙类恐龙一样，肿头龙的脑袋上也戴着一个大大的“安全帽”，它厚达 25 厘米，在这个“安全帽”周围，长着很多小瘤和小棘。不仅如此，它的面颊上也布满了骨质尖刺，这些东西让它的皮肤看上去凹凸不平，一点都不漂亮。可是肿头龙一点都不介意，这可是它的防御武器呢。

肿头龙不仅有保护自己的装备，而且它还具备优秀的视觉、敏锐的听觉、发达的嗅觉，这些都能够帮助它躲避危险的掠食者。

Pachycephalosaurus

肿头龙

体形：体长 4.5 ～ 6 米
体重约 1 吨

食性：植食

生存年代：白垩纪

化石产地：北美洲，美国

▽ 肿头龙成年个体

▽ 猎豹成年个体
体长约 1.5 米

剑角龙 ▷
成年个体

1m

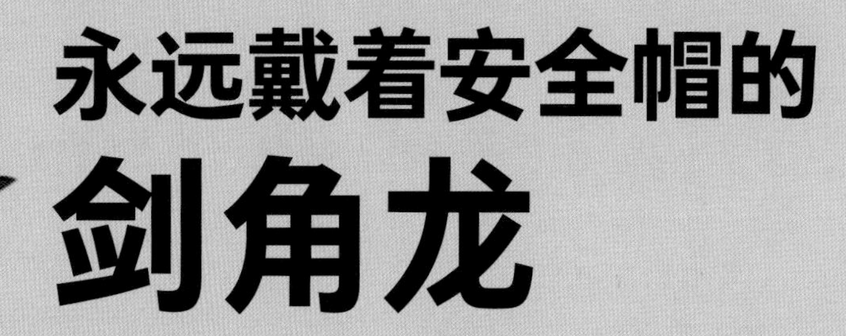

永远戴着安全帽的 剑角龙

除了剑龙类恐龙和甲龙类恐龙两个家族外，肿头龙类恐龙也是拥有装甲的恐龙类群。它们没有骨板尖刺，也没有结实的鳞甲，它们的装甲都在头顶上——那个像头盔一样的厚重的头颅骨。

那是什么样的装备，你只要看看剑角龙就知道了。剑角龙的脑袋不大，可是脑袋顶很厚，就像戴了一顶安全帽，而且脑袋顶周围还长有一圈骨质小瘤和小棘，这便是它的防御武器。剑角龙厚重的头颅骨并不是一生下来就这么厚的，而是随着年龄的增长慢慢变厚，这使得它的攻击能力也随着年纪的增长越来越强。

Stegoceras
剑角龙

体形：体长 2~2.5 米
体重约 80 千克

食性：植食

生存年代：白垩纪

化石产地：北美洲，美国、加拿大

中生代
三叠纪 | 侏罗纪 | 白垩纪
早三叠世 | 中三叠世 | 晚三叠世 | 早侏罗世 | 中侏罗世 | 晚侏罗世 | 早白垩世 | 晚白垩世
代 纪 世
251.9 | 约 201.3 | 约 145.0 | 剑角龙 | 肿头龙 | 66.0 | 距今年代（百万年）

比一比谁最长

让我们从书中找出下列恐龙的体长，根据比例尺用铅笔填涂长度柱状图，比一比谁最长吧！

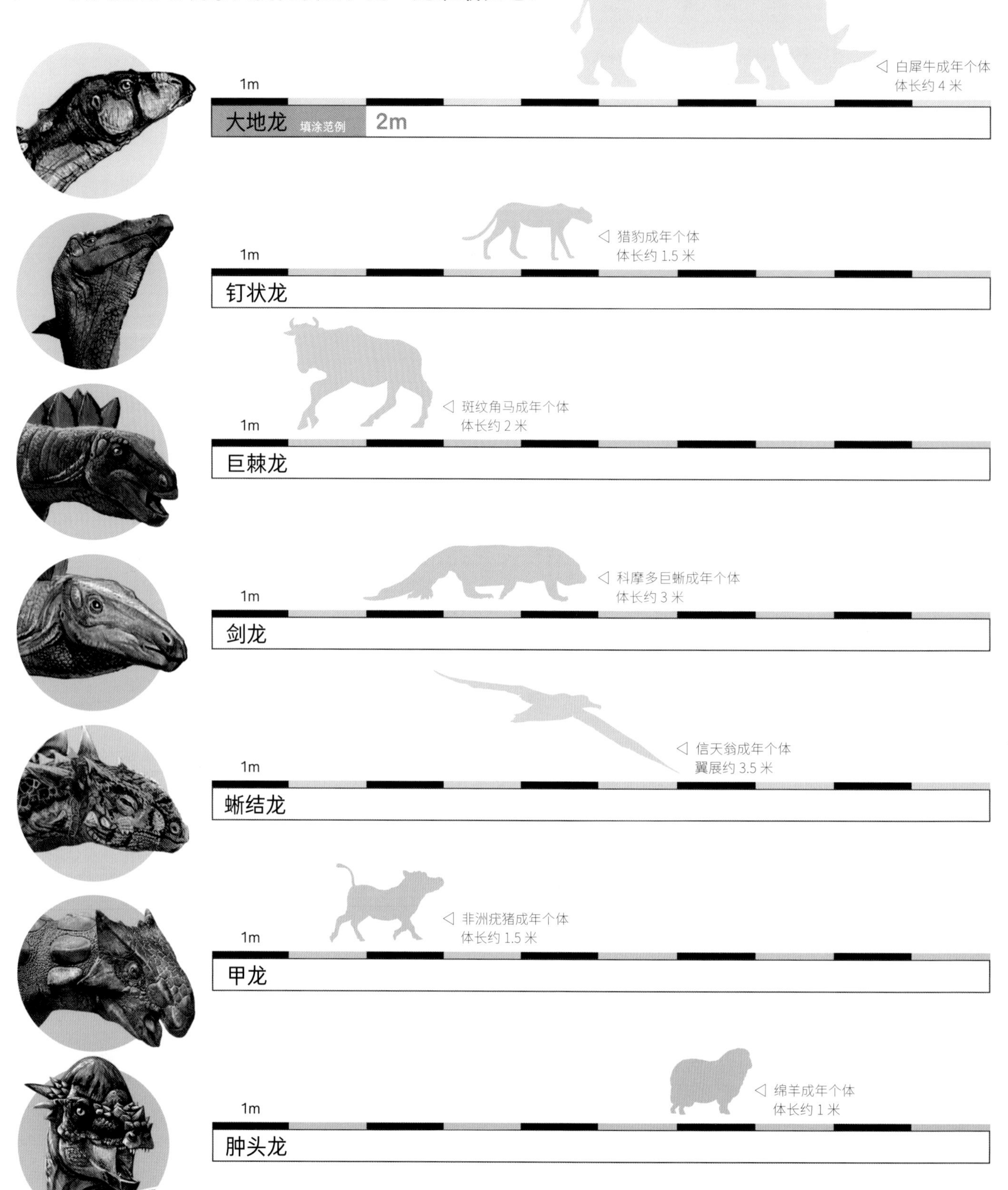

连连看装甲武士们来自什么家族

让我们从书中找出下列恐龙所属的家族，然后用铅笔将恐龙与它们所在家族对应的剪影连起来，然后看看哪个家族的装甲武士最多吧！

肿头龙家族

剑龙家族

甲龙家族

华阳龙

米拉加亚龙

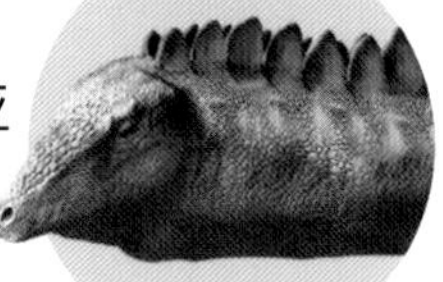

沱江龙

乌尔禾龙

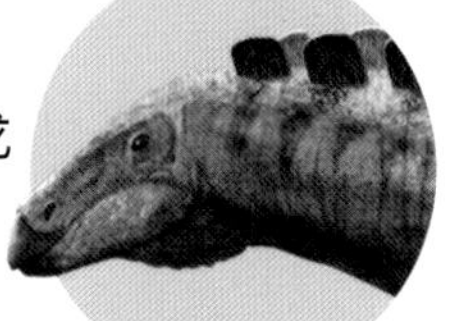

美甲龙

中原龙

剑角龙

为蜥结龙上色吧！

参考右侧的彩色小图，用水彩笔或者油画棒为上方的线描蜥结龙上色，创作出自己的科学艺术作品吧！

PNSO恐龙大王幼儿百科

恐龙的秘密

温顺的植物杀手

赵闯 / 绘　杨杨 / 文

化学工业出版社

·北京·

图书在版编目(CIP)数据

恐龙的秘密.温顺的植物杀手/赵闯绘；杨杨文.—北京:
化学工业出版社，2020.10
（PNSO恐龙大王幼儿百科）
ISBN 978-7-122-37511-7

Ⅰ.①恐… Ⅱ.①赵… ②杨… Ⅲ.①恐龙-儿童读
物 Ⅳ.①Q915.864-49

中国版本图书馆CIP数据核字(2020)第148783号

责任编辑：刘晓婷 潘英丽　　责任校对：王佳伟

出版发行：化学工业出版社（北京市东城区青年湖南街13号 邮政编码 100011）
印　　装：天津图文方嘉印刷有限公司
889mm×1194mm　1/16　印张15　2021年1月北京第1版第1次印刷

购书咨询：010-64518888　售后服务：010-64518899
网　　址：http：//www.cip.com.cn
凡购买本书，如有缺损质量问题，本社销售中心负责调换。

定 价：168.00元（全10册）　

目录

读在前面 | 引导章

恐龙知识 | 内容章

动起手来 | 互动章

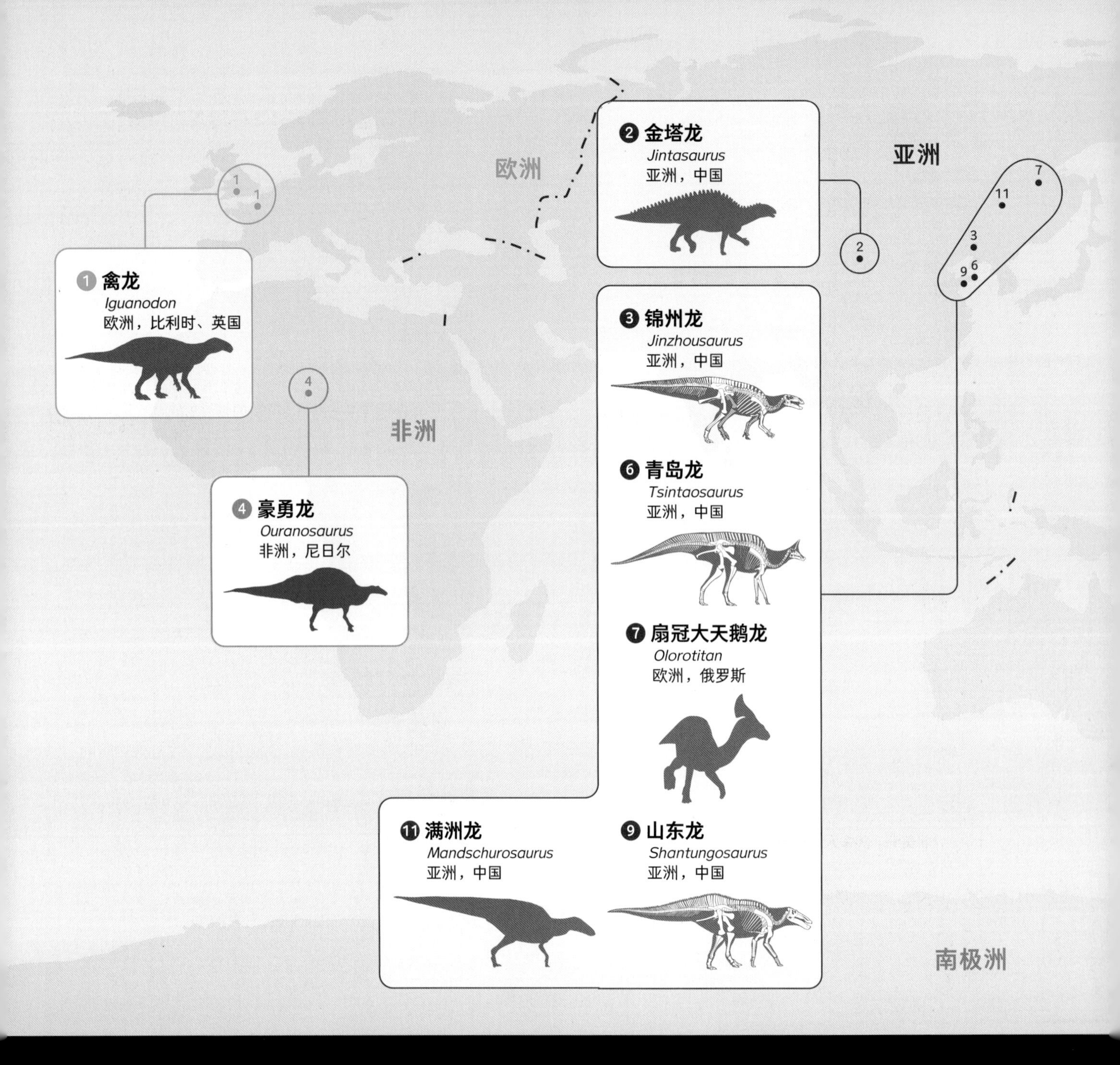

阅读说明

▽ **本书参考物**
一名身高 1.74 米
的成年男子

▽ **本书参考物**
一头体长 4 米
的白犀牛

▽ **本书参考物**
一只体长 2.8 米
的棕熊

▽ **本书参考物**
一辆长 4～5 米的小型汽车

△ **长度比例尺**（每个小格代表 1 米长哦）

代					
纪	三叠纪			侏罗纪	
世	早三叠世	中三叠世	晚三叠世	早侏罗世	中侏罗世
距今年代（百万年）	251.9			约 201.3	

本书中的恐龙

主要化石产地分布示意图

图例：

大洲分界线 —·—

欧洲发掘点 · 大洋洲发掘点 ·

非洲发掘点 · 北美洲发掘点 ·

亚洲发掘点 · 南美洲发掘点 ·

声明：

本示意图仅为说明恐龙发掘地的大概位置而设计，并非各国精确疆域图。

北美洲

8 14 5 13 12 12 8 10

南美洲

5 盔龙

Corythosaurus

北美洲，加拿大

8 副栉龙

Parasaurolophus

北美洲，加拿大、美国

12 大鸭龙

Anatotitan

北美洲，美国

13 慈母龙

Maiasaura

北美洲，美国、加拿大

14 埃德蒙顿龙

Edmontosaurus

北美洲，加拿大、美国

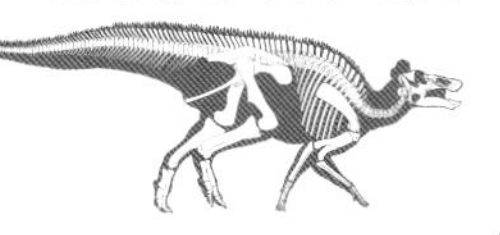

10 鸭嘴龙

Hadrosaurus

北美洲，美国

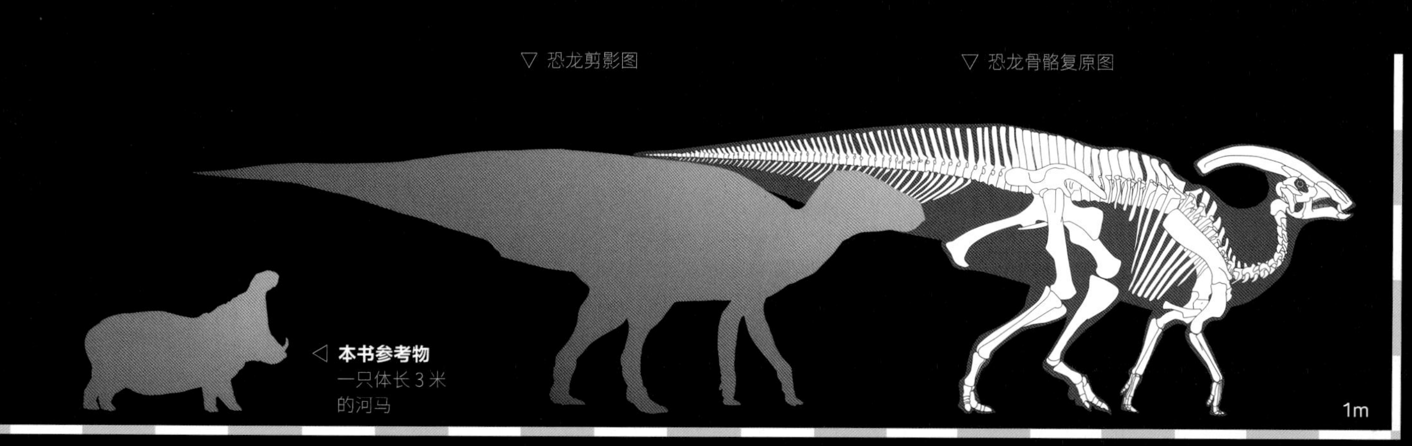

恐龙的秘密
温顺的植物杀手

很多植食恐龙都非常温顺，比如禽龙类恐龙或者鸭嘴龙形类恐龙，它们的个头不如蜥脚类恐龙那么庞大，身体也不像剑龙或者甲龙那样长有“武器”，它们看起来只是一些非常普通的素食动物。可就是这些看上去没什么特别的家伙们，有着让很多植食恐龙都羡慕的本领——咀嚼。因为嘴巴结构不同，牙齿形状不一样，并不是所有的植食恐龙都会咀嚼，很多植食恐龙都只会将食物直接吞到肚子里，依靠胃来消化这些未经咀嚼的食物。可是我们在这本书里讲的植食恐龙们却不同，强大的

咀嚼能力让它们成了天生的美食家。对于这些看似温顺的植物杀手们，孩子们是不是已经迫不及待地想要目睹它们的真容了？

孩子对于恐龙的热爱，是出于好奇的本能，而保护孩子这份珍贵的好奇心，并帮助孩子进行更加深入的探索，则是激发他们的想象力、创造力，并进行科学启蒙的最好方式。

我们将本书的探索过程分为三个阶段。首先，请孩子们自己欣赏书中的所有视觉作品，从恐龙生命形象复原图中认识恐龙，从恐龙与其他动物或物品的比较中了解恐龙，从比例尺、地图等工具中理解恐龙。其次，请家长或者老师陪伴孩子进行文字阅读，通过生动有趣的文字介绍，深刻地认知每一种恐龙的特点、习性、行动能力、生活方式等，打破时间和空间的限制，将孩子带入一个更加广阔的世界。最后，请孩子通过比较大小、测量体重、为恐龙上色等环节，综合运用多种能力，将所学到的知识用于实践中，充分锻炼孩子的逻辑思维能力，提升孩子的想象力和创造力。

现在，就让我们一起进入神奇的探索之旅吧！

揭秘鸭嘴龙类恐龙发源地的
金塔龙

金塔龙是一种原始的鸭嘴龙形类恐龙，是由禽龙类恐龙中的直拇指龙类演化而来的。金塔龙从形态上看，既像比较原始的禽龙类恐龙，也具有较先进的鸭嘴龙类恐龙的特点，是这两个类群的过渡物种。因为金塔龙发现于白垩纪早期今天的中国甘肃，所以科学家由此推测鸭嘴龙类恐龙可能发源于亚洲。

跟禽龙类恐龙相比，鸭嘴龙类恐龙更能适应四足行走的状态，它们以扁平的鸭嘴和强大的咀嚼能力著称。

人类最早发现的恐龙之一——
禽龙

禽龙类恐龙是一种非常温顺的植食恐龙，虽然没有骨板、装甲和尖刺，但是它们的生存能力依旧很强，有着独特的本领，是一个非常繁盛的家族。

禽龙是这个家族中非常特别的成员，在它的身上有很多第一，比如它是第一种被发现具有咀嚼能力的恐龙，能够咀嚼树叶。它被画出的复原图，是人们绘制的第一张恐龙复原图，虽然它和禽龙真实的样子还有很大差别。还有，人们曾经根据禽龙的真实大小创作了 1:1 的禽龙雕像，这也是第一款 1:1 的恐龙雕像。当然，还有最重要的，禽龙是人们最早发现的恐龙之一，也是第一种被科学描述的恐龙，正是因为它，人们才开始真正地走进恐龙世界。

Jintasaurus
金塔龙
体形：体长约 9 米
体重约 3 吨
食性：植食
生存年代：白垩纪
化石产地：亚洲，中国
Iguanodon
禽龙
体形：体长约 6 ～ 12 米
重约 2 ～ 5 吨
食性：植食
生存年代：白垩纪
化石产地：欧洲，
比利时、英国
▽ 禽龙成年个体
▽ 普通小型汽车
长约 4~5 米
金塔龙 ▷
成年个体
1m

拥有钉子般拇指的 锦州龙

锦州龙也是一种原始鸭嘴龙形类恐龙，它的化石保存得非常好，是一具保存在石板上的几乎完整的身体骨骼。

锦州龙的体形较大，身体强壮，脖子较短，尾巴较长，它的角质喙已经像后期的鸭嘴龙类恐龙一样，变得扁平，而前肢还像禽龙一样保留着钉子状的大拇指，是它对付敌人的武器。锦州龙的后肢非常健壮，能让它灵活、快速地在丛林里行动！

Jinzhousaurus

锦州龙

体形：体长约 7 米
体重约 2 吨

食性：植食

生存年代：白垩纪

化石产地：亚洲，中国

豪勇龙——背上长“帆”的恐龙

Ouranosaurus
豪勇龙

体形：体长 7 米
　　　体重约 2 吨

食性：植食

生存年代：白垩纪

化石产地：非洲，尼日尔

豪勇龙也是一种原始的鸭嘴龙形类恐龙，它最特别的地方就是背上长着一道“帆”，像一堵用肉做的墙，看上去非常威风，类似于美洲野牛。这个隆肉结构可以调节体温，或者储藏脂肪和水。当然，也可以帮这些温顺的家伙们吓跑敌人。

豪勇龙的嘴已经特化成了扁扁的鸭嘴，它的前肢上也有锋利的大拇指，不过和禽龙相比，小了许多。

▽ 豪勇龙
成年个体

锦州龙 ▷
成年个体

1m

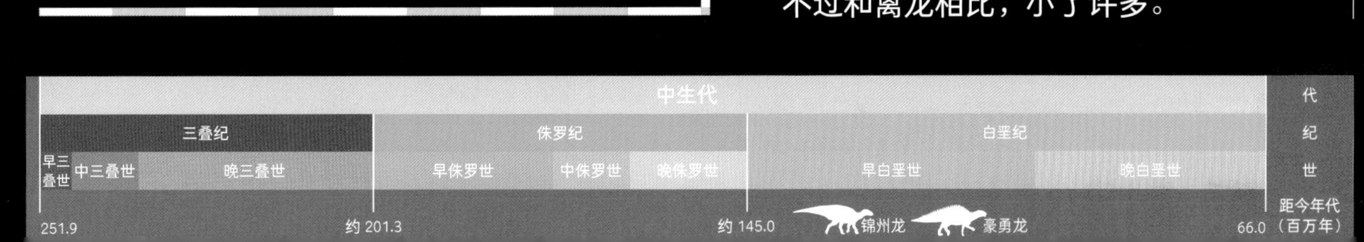

头冠会随着年纪增长而长大的
盔龙

鸭嘴龙类恐龙按照头冠可以分为两大类，一类脑袋顶上光秃秃的没有头冠，一类则长着形状各异的头冠，比如盔龙。盔龙有着高耸的骨质头冠，但是不同的盔龙头冠却不一样，这是为什么呢？科学家说那是因为盔龙的头冠是随着年龄的增长而长大的，并且雄性盔龙和雌性盔龙的头冠也是不一样的。

盔龙的体形庞大，通常以四足行走。

Corythosaurus
盔龙

体形：体长 9 米
体重约 4 吨

食性：植食

生存年代：白垩纪

化石产地：北美洲，加拿大

Tsintaosaurus
青岛龙

体形：体长约 7 米
体重约 2 吨

食性：植食

生存年代：白垩纪

化石产地：亚洲，中国

被误以为长“角”的恐龙——青岛龙

青岛龙是一副典型的鸭嘴龙类恐龙的模样，身体硕大，四肢行走，有一张又扁又宽的鸭嘴，它的角质喙中没有牙齿，数量庞大的牙齿都集中在面颊部，可以帮它咀嚼食物。

青岛龙也是长有头冠的鸭嘴龙类恐龙，因为之前发现的化石有限，人们一直以为它的头冠就是一根又细又长的骨棒，像长了角一样，这让它在鸭嘴龙家族中显得非常特别。可是后来科学家发现，其实那根“角”只是青岛龙头冠的一部分，它的头冠和赖氏龙很像，也很宽大，向前方伸展。

头上长着“扇子”的恐龙——扇冠大天鹅龙

扇冠大天鹅龙像一辆大公交车那么长，它庞大的身体上最为特别的地方就是头上奇特的头冠。从外形上看，这个头冠就像一把漂亮的扇子，骄傲地打开着，希望能吸引大家的注意。因为这个头冠具有空腔，所以当气流从头冠中穿过时它很可能会发出响亮的声音。

Olorotitan

扇冠大天鹅龙

体形：体长约 10 ～ 12 米
体重约 4 ～ 5 吨

食性：植食

生存年代：白垩纪

化石产地：欧洲，俄罗斯

会唱歌的
副栉龙

盔龙的头冠能发出声音，扇冠大天鹅龙的头冠也能发出声音，事实上，长有头冠的鸭嘴龙类恐龙，它们的头冠几乎都会发声，它们是恐龙世界中名副其实的歌唱家。你瞧，副栉龙也是这个家族的一员，它的歌声美妙极了！

副栉龙的头冠是一根奇特的骨棒，沿着脑袋向后弯曲，这跟骨棒是空心的，中空的结构从鼻孔一直延伸到头冠末端。副栉龙可以让冠饰内的空气发生振动，从而让它发出声音，就像唱歌一样。这些声音往往只有它的同伴能够理解，所以它独特的歌声其实也是同伴间交流的密语。

Parasaurolophus

副栉龙

体形：体长约 10 米
体重约 4 吨

食性：植食

生存年代：白垩纪

化石产地：北美洲，加拿大、美国

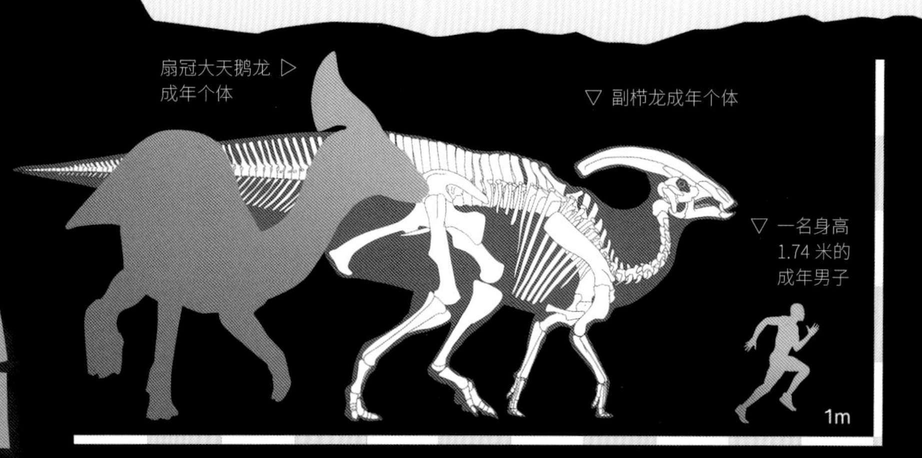

中生代									代
三叠纪			侏罗纪			白垩纪			纪
早三叠世	中三叠世	晚三叠世	早侏罗世	中侏罗世	晚侏罗世	早白垩世	晚白垩世		世
251.9		约 201.3			约 145.0		扇冠大天鹅龙 副栉龙	66.0	距今年代（百万年）

牙齿最多的恐龙——鸭嘴龙

鸭嘴龙是鸭嘴龙家族里的大个子，它最大的特点就是长有一张像鸭子一样扁扁宽宽的嘴，而且嘴中的牙齿超过了 2000 颗，是目前发现的牙齿数量最多的恐龙。鸭嘴龙有这么多牙齿，万一牙齿生病，修补起来不是很麻烦吗？哈哈，你完全不用为它担心。因为如果一旦有牙齿损坏，过不了多久就会有新的牙齿长出来替换它。

鸭嘴龙不仅牙齿多，而且咀嚼能力超强，能嚼碎很多坚硬的食物，是名副其实的美食家。

Hadrosaurus

鸭嘴龙

体形：体长 7 ～ 10 米
体重 2.5 ～ 4 吨

食性：植食

生存年代：白垩纪

化石产地：北美洲，美国

Shantungosaurus
山东龙

体形：体长约 14 米
体重约 7 吨

食性：植食

生存年代：白垩纪

化石产地：亚洲，中国

最大的鸭嘴龙类恐龙——山东龙

山东龙是最大的鸭嘴龙类恐龙，体长能达到 14 米。虽然它没有头冠，不会在族群中使用秘密暗号，但是它庞大的身体就是对付掠食者最好的武器。所以，即使山东龙看上去非常温顺，掠食者也不敢轻易打它的主意。

曾经有很长一段时间，人们认为山东龙的化石是能够治病的灵丹妙药。当然，那时候人们还不知道那是恐龙化石。直到后来科学家进行了研究才发现，那不是普通的石头，而是山东龙的骨骼化石，而这些化石根本不能治病。

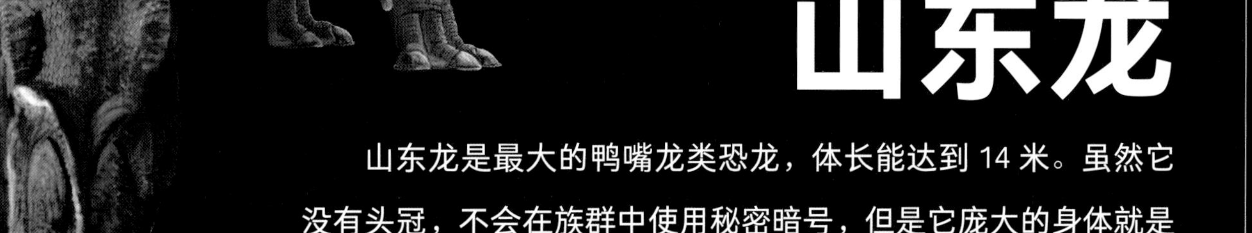

▽ 白犀牛成年个体
体长约 4 米

鸭嘴龙 ▷
成年个体

山东龙 ▷
成年个体

1m

中生代								代
三叠纪			侏罗纪			白垩纪		纪
早三叠世	中三叠世	晚三叠世	早侏罗世	中侏罗世	晚侏罗世	早白垩世	晚白垩世	世

251.9　约 201.3　约 145.0　山东龙　鸭嘴龙　66.0　距今年代（百万年）

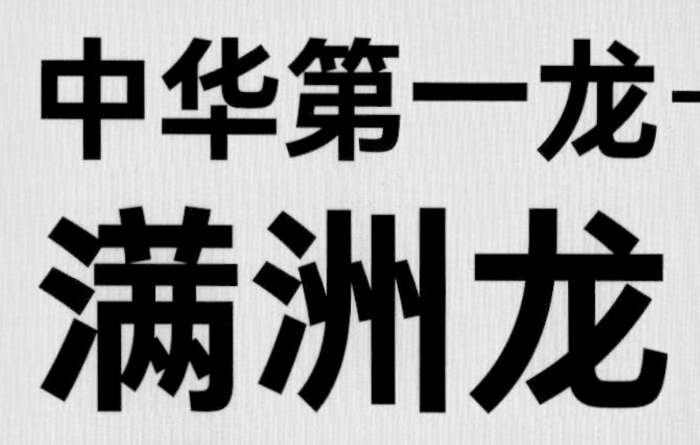

中华第一龙——满洲龙

满洲龙是一种大型的鸭嘴龙类恐龙，脑袋比较大，长有扁扁的鸭子般的大嘴。它的身体粗壮，尾巴很长。虽然满洲龙的后肢比前肢长很多，但它们通常情况下还是会用四肢行走，就像大部分鸭嘴龙类那样。它们会组成较大的群体，游荡在平原之上。因为满洲龙是在中国发现的最早的恐龙之一，所以被称作“中华第一龙”！

Mandschurosaurus

满洲龙

体形：体长 8 ～ 10 米
　　　体重 3 ～ 4 吨

食性：植食

生存年代：白垩纪

化石产地：亚洲，中国

超大号的“鸭子”——大鸭龙

大鸭龙是鸭嘴龙家族的成员之一，体形非常硕大，不过它那张可爱的脸配上扁扁的鸭嘴，让它看上去就像一只超大号的鸭子！

大鸭龙没有头冠，自然也不会用头冠“说话”，但是它的鼻孔周围可能有大型的肉囊，那里能发出奇特的响声。而且肉囊被鲜艳的皮肤覆盖着，也能起到视觉辨识的作用。

Anatotitan
大鸭龙

体形：体长 10 ～ 12 米
体重 3 ～ 5 吨

食性：植食

生存年代：白垩纪

化石产地：北美洲，美国

▽ 大鸭龙成年个体

满洲龙 ▷
成年个体

2m

中生代								代
三叠纪			侏罗纪			白垩纪		纪
早三叠世	中三叠世	晚三叠世	早侏罗世	中侏罗世	晚侏罗世	早白垩世	晚白垩世	世
251.9		约 201.3			约 145.0		大鸭龙 满洲龙 66.0	距今年代（百万年）

尽职尽责的好父母——慈母龙

Maiasaura
慈母龙

体形：体长约 9 米
体重约 3 吨

食性：植食

生存年代：白垩纪

化石产地：北美洲，美国、加拿大

恐龙会照顾宝宝吗？还是产完蛋就走了，留下宝宝自己孵化？这个问题慈母龙会告诉我们答案。

人们曾经发现过数量庞大的慈母龙蛋窝和幼年慈母龙，经过研究人们确定慈母龙是尽职尽责的好父母。它们总是会精心挑选产蛋的地点，产完蛋之后，又会耐心地孵化蛋宝宝。等到蛋宝宝破壳而出，慈母龙还会为它们采集食物，喂养它们，直到小慈母龙能够独立生活。为了防止掠食者偷蛋，很多慈母龙妈妈还会聚在一起孵蛋，养育幼崽。

有 1000 多颗牙齿的埃德蒙顿龙

1、2、3……999、1000、1001……你知道我在数什么吗？我在数埃德蒙顿龙的牙齿。天哪，它竟然长着 1000 多颗牙齿，如果它也要刷牙的话，恐怕得刷上一天一夜了！数量庞大的牙齿是埃德蒙顿龙最重要的生存工具，能让它在很短的时间内吃到很多树叶，减少和其他恐龙的竞争。它总是会用扁平的喙状嘴轻易地咬断枝叶，然后再用那些牙齿快速将它们嚼碎。高效的进食能力，使得埃德蒙顿龙成为当地最具优势的植食恐龙。

Edmontosaurus

埃德蒙顿龙

体形：体长约 8 ～ 12 米
体重 2.5 ～ 4 吨

食性：植食

生存年代：白垩纪

化石产地：北美洲，美国、加拿大

慈母龙 ▷
成年个体

◁ 埃德蒙顿龙
成年个体

1m

中生代								代
三叠纪			侏罗纪			白垩纪		纪
早三叠世	中三叠世	晚三叠世	早侏罗世	中侏罗世	晚侏罗世	早白垩世	晚白垩世	世

251.9　约 201.3　约 145.0　埃德蒙顿龙　慈母龙　66.0　距今年代（百万年）

比一比谁最长

让我们从书中找出下列恐龙的体长，根据比例尺用铅笔填涂长度柱状图，比一比谁最长吧！

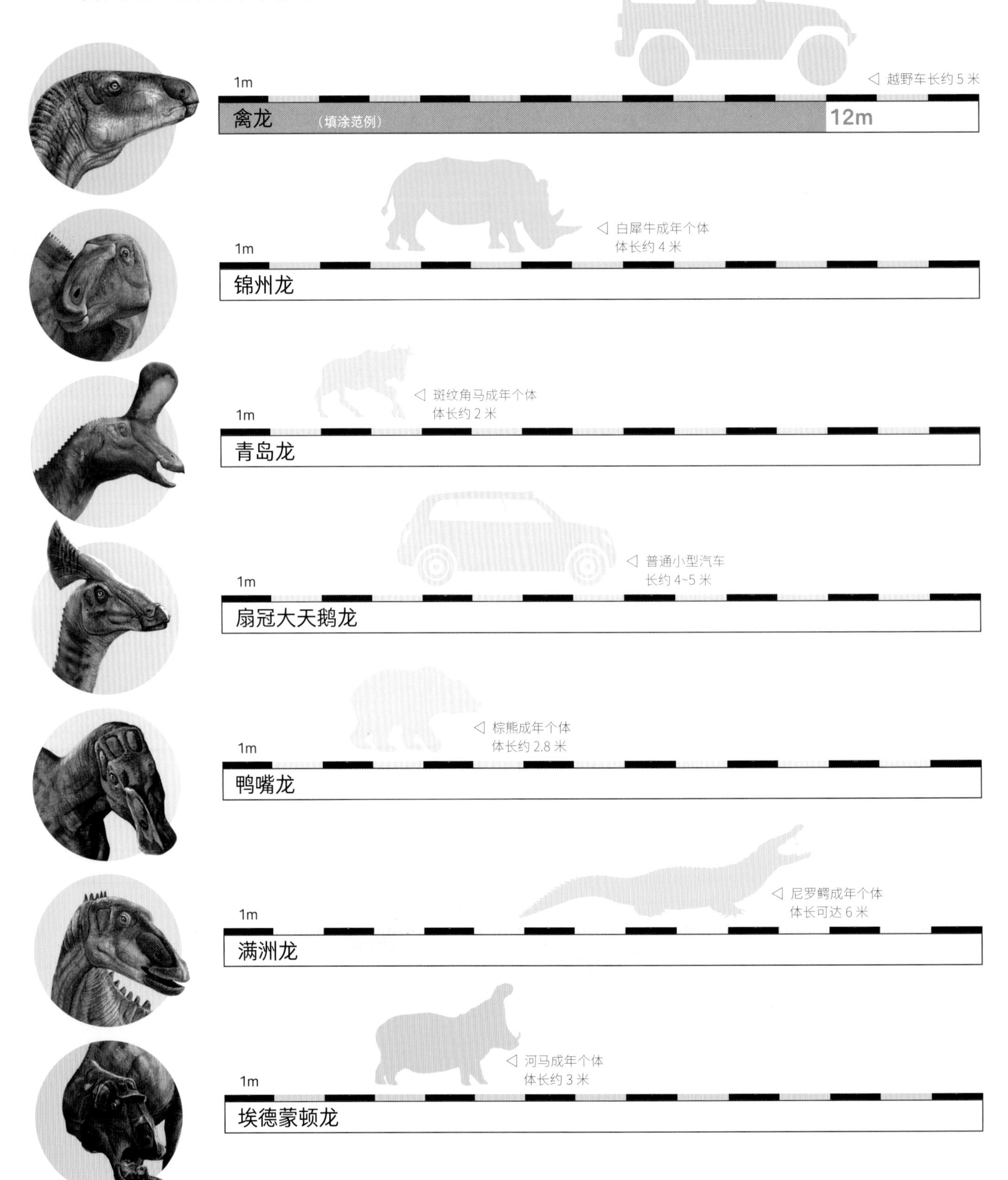

连连看谁最重

让我们从书中找出下列恐龙的体重，然后用铅笔将恐龙与它们的重量所对应的砝码连起来，看看它们之中谁最重吧！

重量单位

1吨	约为一辆小轿车的重量
1千克	约为两瓶矿泉水的重量

4吨

2吨

7吨

3吨

3~5吨

金塔龙

豪勇龙

盔龙

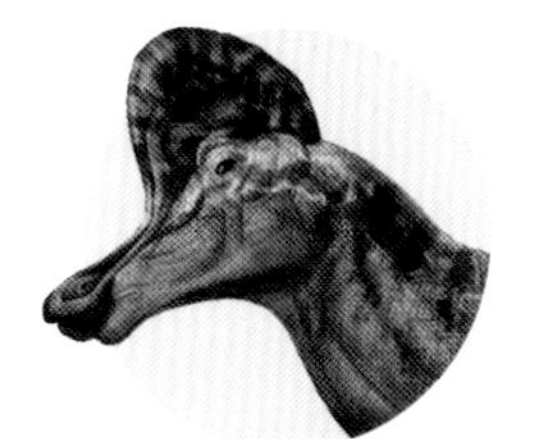

副栉龙

山东龙

大鸭龙

慈母龙

为副栉龙上色吧！

参考右侧的彩色小图，用水彩笔或者油画棒为上方的线描副栉龙上色，创作出自己的科学艺术作品吧！

PNSO恐龙大王幼儿百科

恐龙的秘密

强大的尖角斗士

赵闯 / 绘 杨杨 / 文

化学工业出版社

·北京·

图书在版编目(CIP)数据

恐龙的秘密.强大的尖角斗士/赵闯绘；杨杨文.—北京：化学工业出版社，2020.10
（PNSO恐龙大王幼儿百科）
ISBN 978-7-122-37511-7

Ⅰ.①恐… Ⅱ.①赵… ②杨… Ⅲ.①恐龙－儿童读物 Ⅳ.①Q915.864-49

中国版本图书馆CIP数据核字(2020)第148782号

责任编辑：刘晓婷 潘英丽 责任校对：王佳伟

出版发行：化学工业出版社（北京市东城区青年湖南街13号 邮政编码 100011）
印 装：天津图文方嘉印刷有限公司
889mm×1194mm 1/16 印张15 2021年1月北京第1版第1次印刷

购书咨询：010-64518888 售后服务：010-64518899
网 址：http://www.cip.com.cn
凡购买本书，如有缺损质量问题，本社销售中心负责调换。

定 价：168.00元（全10册）

目录

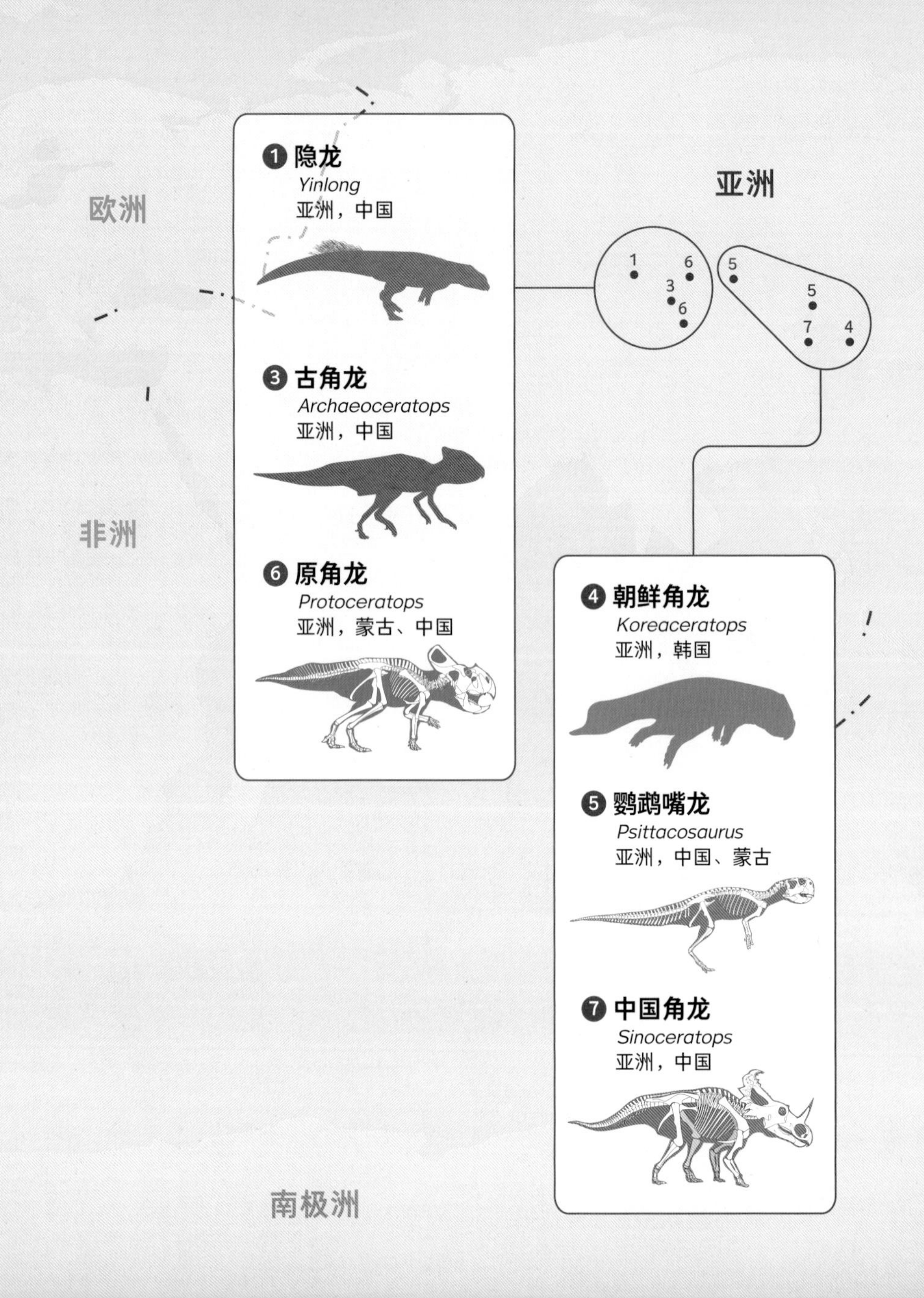

阅读说明

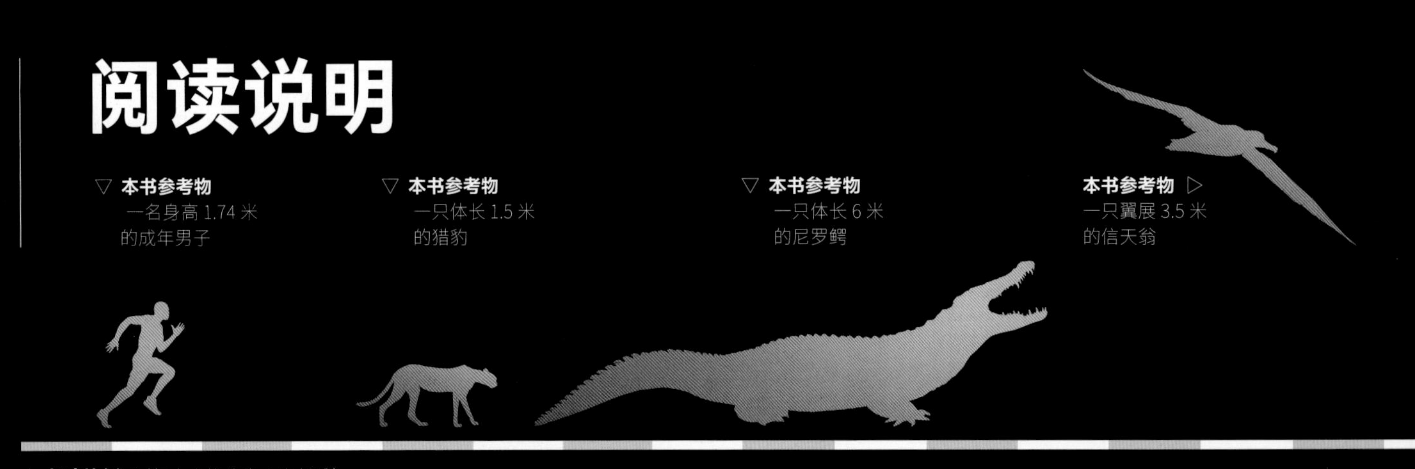

△ **长度比例尺**（每个小格代表 1 米长哦）

代					
纪	三叠纪			侏罗纪	
世	早三叠世	中三叠世	晚三叠世	早侏罗世	中侏罗世
距今年代（百万年）	251.9			约 201.3	

本书中的恐龙
主要化石产地分布示意图

图例：

大洲分界线 —·—

欧洲发掘点 · 大洋洲发掘点 ·

非洲发掘点 · 北美洲发掘点 ·

亚洲发掘点 · 南美洲发掘点 ·

声明：

本示意图仅为说明恐龙发掘地的大概位置而设计，并非各国精确疆域图。

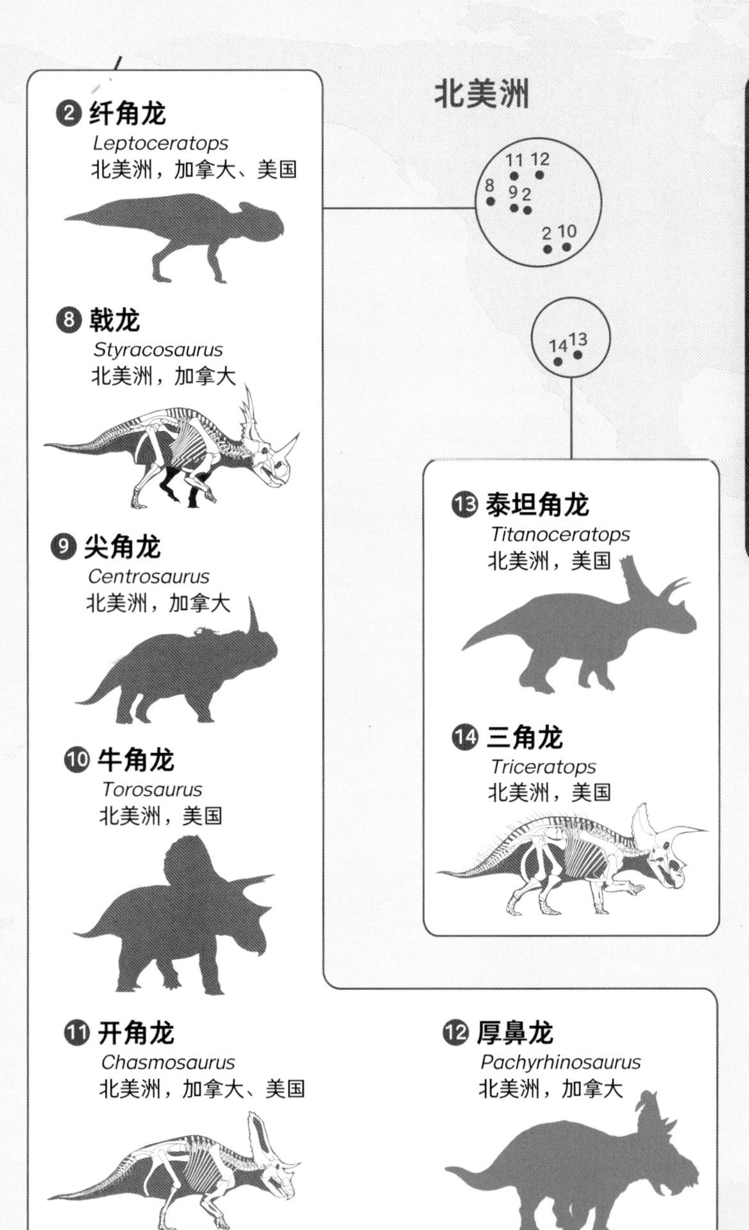

南美洲

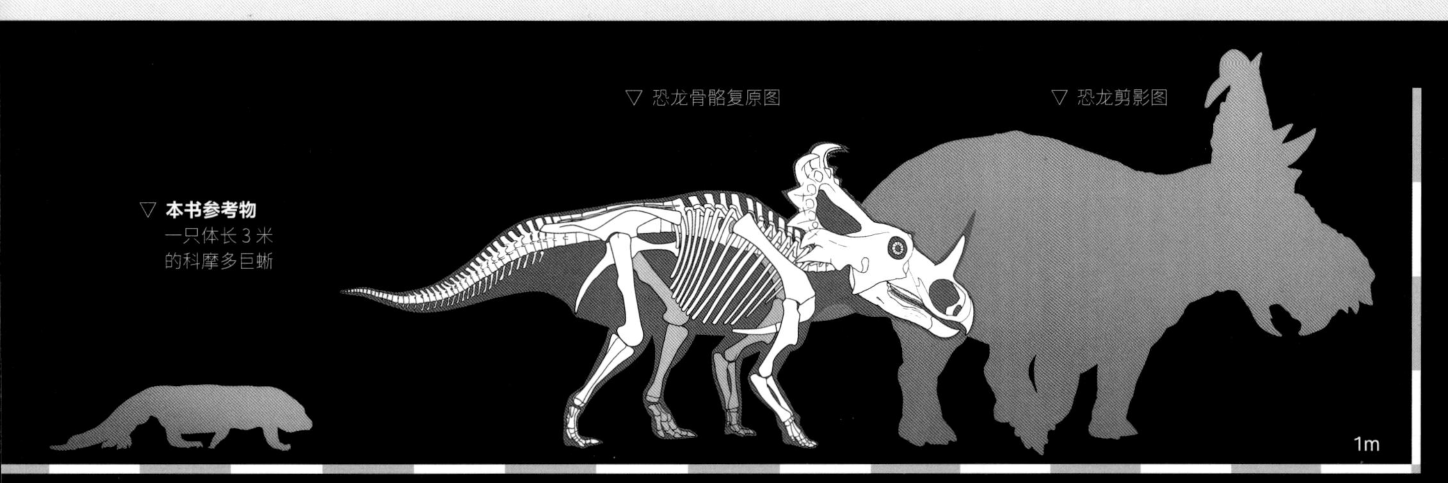

▽ 本书中的恐龙的地质年代表

中生代		
	白垩纪	
晚侏罗世	早白垩世	晚白垩世
约 145.0		66.0

恐龙的秘密

强大的尖角斗士

说到植食恐龙中最厉害的家族，角龙类恐龙一定榜上有名。这些不仅长有超大头盾，还在脑袋上拥有尖角的家伙们，简直让那些凶猛的肉食恐龙望而生畏。它们不再像甲龙类恐龙，凭借满身的装甲进行被动防御，它们喜欢主动出击。一旦遇到危险，它们总会让自己的尖角冲上战场，而这个可怕的“武器”，无论刺入谁的身体都会带来致命的伤害。就连最凶猛的霸王龙，也不一定能稳稳地赢得和三角龙的战斗。于是，角龙类恐龙几乎站上了植食恐龙演化的最高峰。难怪孩子们对于角龙

类恐龙，都有着一种特殊的喜爱之情。

孩子对于恐龙的热爱，是出于好奇的本能，而保护孩子这份珍贵的好奇心，并帮助孩子进行更加深入的探索，则是激发他们的想象力、创造力，并进行科学启蒙的最好方式。

我们将本书的探索过程分为三个阶段。首先，请孩子们自己欣赏书中的所有视觉作品，从恐龙生命形象复原图中认识恐龙，从恐龙与其他动物或物品的比较中了解恐龙，从比例尺、地图等工具中理解恐龙。其次，请家长或者老师陪伴孩子进行文字阅读，通过生动有趣的文字介绍，深刻地认知每一种恐龙的特点、习性、行动能力、生活方式等，打破时间和空间的限制，将孩子带入一个更加广阔的世界。最后，请孩子通过比较大小、寻找恐龙化石产地、为恐龙上色等环节，综合运用多种能力，将所学到的知识用于实践中，充分锻炼孩子的逻辑思维能力，提升孩子的想象力和创造力。

现在，就让我们一起进入神奇的探索之旅吧！

北美洲的小可爱——纤角龙

Leptoceratops
纤角龙

体形：体长约 2 米
体重约 100 千克

食性：植食

生存年代：白垩纪

化石产地：北美洲，
加拿大、美国

纤角龙是个发现于北美洲的小可爱，身长大约只有 2 米，是当地为数不多的原始角龙类恐龙之一，和三角龙、霸王龙等大块头生活在一起。纤角龙的外形很可爱，大大的脑袋后面有一个小小的头盾。它有一双明亮的大眼睛，还有一张尖尖的像鹦鹉一样的小嘴，这张锐利的喙状嘴可以轻松地帮它咬下鲜嫩的树叶或者坚硬的针叶植物，当然它还不满足于此，那些美味的开花植物也是它喜爱的美食。

三角龙的祖先——隐龙

Yinlong
隐龙

体形：体长约 1.5 米
体重约 30 ～ 50 千克

食性：植食

生存年代：侏罗纪

化石产地：亚洲，中国

角龙类恐龙因为头上长着形状各异、锋利无比的角，能轻松地对付很多肉食恐龙。不过它们的角可不是一下子就长出来的，比如家族中最古老的成员——隐龙，就没有锋利的角。不过隐龙的脑袋后面已经长有一个小小的突起，是头盾的雏形。虽然隐龙看起来并不威风，可它仍然是赫赫有名的三角龙的祖先！

代	中生代								
纪	三叠纪			侏罗纪			白垩纪		
世	早三叠世	中三叠世	晚三叠世	早侏罗世	中侏罗世	晚侏罗世	早白垩世	晚白垩世	
距今年代（百万年）	251.9		约 201.3		隐龙	约 145.0		纤角龙	66.0

古角龙——以速度取胜的角龙类恐龙

Archaeoceratops

古角龙

体形：体长 1 ～ 1.5 米
体重约 30 ～ 50 千克

食性：植食

生存年代：白垩纪

化石产地：亚洲，中国

古角龙也是一种原始的角龙类恐龙，它没有巨大的头盾，只是在脑袋后面有一块突起的褶皱结构，它也没有锋利的角，只是鼻子上有一个骨质隆起，但是古角龙依然能够很好地保护自己，因为它奔跑的速度很快。

古角龙的体形非常小，后肢健壮，这使得它的行动很灵活。再加上它的视力很好，总是可以及时发现敌人，并能够快速逃离危险。

朝鲜角龙——也许它会游泳

朝鲜角龙是古角龙的近亲，也是一种原始的角龙类恐龙。

朝鲜角龙非常特别，因为它的尾巴很像现代的一些水生动物，是扁平的，而且尾椎上有着高大的神经棘，非常奇特。研究人员据此推测，朝鲜角龙很可能会游泳，它独特的尾巴以及尾巴上高耸的结构，都能帮助它成为一名游泳高手。不过，也有一些研究人员认为，它尾巴上方的结构和游泳没关系，只是一些坚硬的管状羽毛，用来发挥展示作用的。

Koreaceratops
朝鲜角龙

体形：体长约 1.5 ～ 1.8 米
体重约 50 千克

食性：植食

生存年代：白垩纪

化石产地：亚洲，韩国

▽ 朝鲜角龙成年个体

▽ 古角龙成年个体

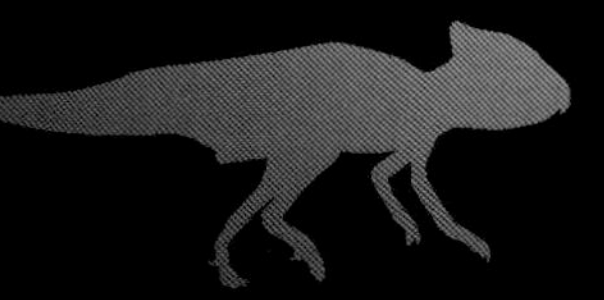

▽ 猎豹成年个体
体长约 1.5 米

50cm

中生代							代
三叠纪			侏罗纪			白垩纪	纪
早三叠世	中三叠世	晚三叠世	早侏罗世	中侏罗世	晚侏罗世	早白垩世	晚白垩世	世

251.9　约 201.3　约 145.0　古角龙　朝鲜角龙　66.0　距今年代（百万年）

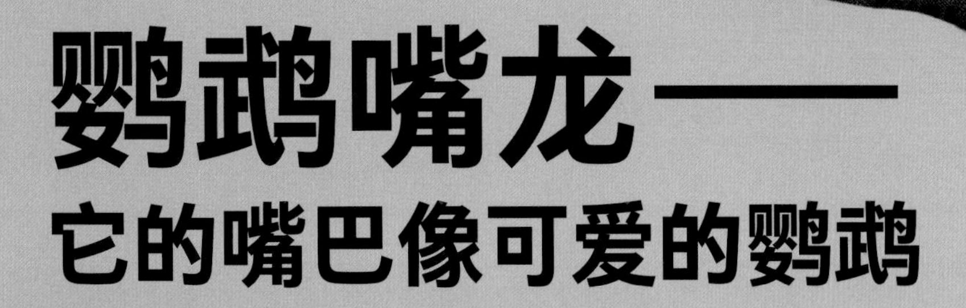

鹦鹉嘴龙——它的嘴巴像可爱的鹦鹉

鹦鹉嘴龙虽然是角龙类恐龙，但是它最明显的特征不是角而是嘴巴，因为它的嘴尖尖的很像鹦鹉，所以科学家就为它取了这个形象的名字。鹦鹉嘴龙的角质喙可以轻松地切断和咬碎植物，它们的食物范围很广，包括柔软的叶子，坚硬的根茎、种子以及果实等。另外，鹦鹉嘴龙还长有原始坚硬的羽毛，分布在背部至尾部，是它们向自己喜欢的异性炫耀的工具。

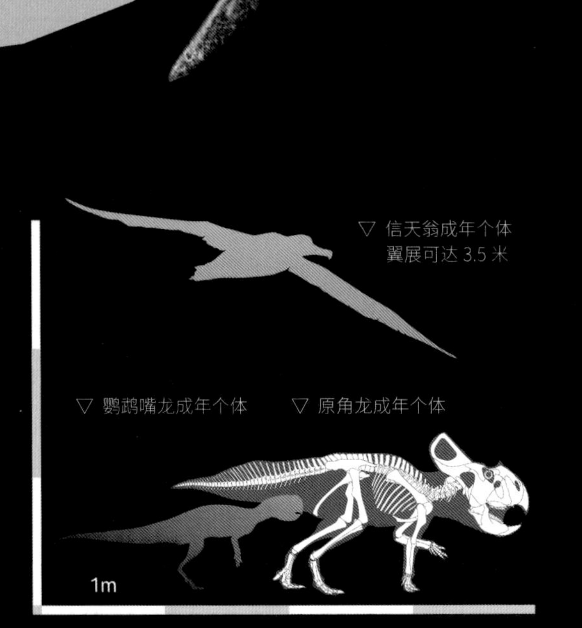

Psittacosaurus
鹦鹉嘴龙

体形：体长约 2 米
体重 100 千克

食性：植食

生存年代：白垩纪

化石产地：亚洲，中国、蒙古

家族繁盛的角龙类恐龙——原角龙

原角龙大概是人们最了解的角龙类恐龙之一了吧，因为人们发现了大量的原角龙化石，这也说明原角龙在当时是一种极具优势的植食恐龙。

原角龙的体形不大，头盾只是一个不太起眼的突起，也没有真正意义上的锋利的角，但是它们的战斗力却很强，这大概要依赖于其锋利的角质喙。人们曾经发现过一具珍贵的名为“搏斗中的恐龙”的化石，化石中原角龙正在和凶猛的伶盗龙激烈地搏斗，它竟然用坚硬的喙状嘴咬断了伶盗龙的胳膊，真是太威猛了！

Protoceratops
原角龙

体形：体长 2 ～ 3 米
体重约 150 ～ 300 千克

食性：植食

生存年代：白垩纪

化石产地：亚洲，蒙古、中国

中生代								代
三叠纪			侏罗纪			白垩纪		纪
早三叠世	中三叠世	晚三叠世	早侏罗世	中侏罗世	晚侏罗世	早白垩世	晚白垩世	世
251.9		约 201.3			约 145.0	鹦鹉嘴龙	古角龙 66.0	距今年代（百万年）

中国角龙——
它长着很多漂亮却可怕的尖角

和之前那些原始的角龙类恐龙相比，中国角龙看起来才像是一只真正的角龙。它身强体壮，体长接近7米。不过，这可不是它抵御掠食者的绝招，对它来说那些尖角才是最重要的。中国角龙长着很多漂亮的尖角，最明显的要算是它鼻子上那只超过30厘米长的粗壮的角了。它就像是中国角龙的尖矛，在不断地警告掠食者：前方危险，请勿靠近！除此之外，它头盾边缘13只锋利的角，以及巨大的头盾，都是保护自己的武器。

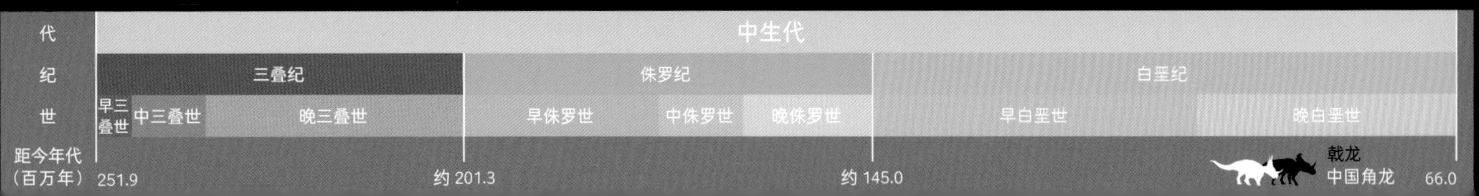

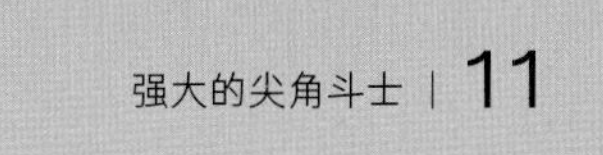

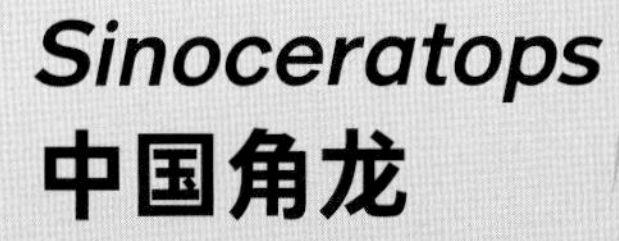

Sinoceratops
中国角龙

体形：体长 6 ～ 7 米
体重 3 ～ 4 吨

食性：植食

生存年代：白垩纪

化石产地：亚洲，中国

威猛的“多角斗士”——戟龙

Styracosaurus
戟龙

体形：体长 5.5 ～ 6 米
体重约 3 吨

食性：植食

生存年代：白垩纪

化石产地：北美洲，加拿大

角龙类恐龙都以锋利的角而著称，而戟龙是家族中拥有角最多的成员之一。戟龙的角都长在哪里呢？让我们来仔细观察一下。首先来看它的脸，除了额头上长有一对短短的角以外，鼻子上还有一个锋利的角；其次来看它的头盾，在其头盾顶端的中间部分长有 3 对明显的尖角，最长的能达到 55 厘米，此外它的头盾边缘还长着无数数不清的小尖角。这些角让戟龙成了厉害的“多角斗士”，没有多少掠食恐龙敢轻易靠近它。

牛角龙——
它的脑袋可以抵得上人类的13个脑袋

体长约 9 米的牛角龙看上去就像一只巨大的犀牛，四肢粗壮，身体肥硕，不过它的体重可比犀牛重多了！牛角龙最突出的特点就是脑袋大，它的头骨长约 2.6 米，大概相当于 13 个人的脑袋之和。虽然牛角龙的脑袋大得出奇，可是脑袋后方的头盾却很简单，不像其他的角龙家族成员一样具有复杂的装饰。牛角龙的面部长有三个角，其中一对额角很长，鼻角则较为低短。

Torosaurus
牛角龙

体形：体长 9 米
　　　体重 6 吨

食性：植食

生存年代：白垩纪

化石产地：北美洲，美国

Centrosaurus
尖角龙

体形：体长 6 米
体重 3 吨

食性：植食

生存年代：白垩纪

化石产地：北美洲，加拿大

“独角斗士”——尖角龙

尖角龙最大的特点就是在它的鼻子上长着一个长而锋利的角。不过，尖角龙并不像我们想象的只有一个角，它和三角龙一样，脸上都长有三只角，只不过它的两个额角比较短，而鼻角却很长！不同的尖角龙鼻角是不一样的，有些向前弯，有些向后弯！虽然它们形状略有不同，但威力都相当大，使得尖角龙成为角龙家族最特别的“独角斗士”。

头盾超大的 开角龙

Chasmosaurus
开角龙

体形：体长 4 ～ 5 米
体重约 2.5 吨

食性：植食

生存年代：白垩纪

化石产地：北美洲，加拿大、美国

开角龙在角龙家族中绝对算不上大个子，它的体长只有 4~5 米，只相当于三角龙身长的一半，但是它的头盾却大得出奇，甚至比三角龙还要大。这么大的头盾不会影响开角龙走路吗？你别担心，因为开角龙的头盾上有两个巨大的孔洞，头盾边缘还有一些小孔洞，所以它实际上并不重。

开角龙的外形和三角龙有些相像，它的面部也长有三个锋利的角，只是它的角比三角龙要小一些。

Pachyrhinosaurus

厚鼻龙

体形：体长约 8 米
体重约 6 吨

食性：植食

生存年代：白垩纪

化石产地：北美洲，加拿大

会用鼻子撞击掠食者的 厚鼻龙

厚鼻龙的样子真是奇怪，虽然它也是角龙家族的成员，但是它却没什么像样的角，它只是在鼻子上方有一大片厚厚的隆起。那一大片隆起的面积非常大，差不多覆盖了头骨的前半部分，看起来像是鼻子被磨平了，根本算不上角。不过，没关系，即便如此，厚鼻龙也能保护自己，而它对付那些掠食者的工具就是鼻子。它会用鼻子跟掠食者对撞，这个不太漂亮但却异常结实的鼻子，总是会让它在战斗中赢得胜利。

中生代								代
三叠纪			侏罗纪			白垩纪		纪
早三叠世	中三叠世	晚三叠世	早侏罗世	中侏罗世	晚侏罗世	早白垩世	晚白垩世	世
251.9			约 201.3			约 145.0	开角龙 厚鼻龙 66.0	距今年代（百万年）

Titanoceratops
泰坦角龙

体形：体长约 9 米
　　　体重约 6 吨

食性：植食

生存年代：白垩纪

化石产地：北美洲，美国

脑袋最大的陆地动物——泰坦角龙

泰坦角龙大概是人们发现的脑袋最大的陆地动物了吧，它的头骨长达 2.9 米，比以大脑袋著称的牛角龙还要大。

泰坦角龙的脸上长有五根锋利的角。其中两根额角又长又锋利，能达到 105 厘米，真是太可怕了！除此之外，它的脸颊两侧长有两个 12 厘米长的角，鼻子上还有一个短小可爱的角。

凭借巨大的脑袋和锋利的角，泰坦角龙大概能对付最凶猛的掠食者。

最著名的角龙——三角龙

Triceratops
三角龙

体形：体长约 7.9 ～ 9 米
体重约 6 吨

食性：植食

生存年代：白垩纪

化石产地：北美洲，美国

三角龙是最著名的角龙家族成员，威力无比。它有着体长近 9 米、身高 3 米、体重约 6 吨的庞大身体；它的眼睛上方长着两个长达 1 米的额角，鼻子上的角虽然小，但足够锋利；它的头盾是实心的，完全可以用来作战；它的面部被龟壳一样的结构包裹着，几乎无懈可击；它的背部像豪猪一样长有尖刺，能完美地保护身体。它是最勇猛的角龙类恐龙，连凶猛的霸王龙都不敢轻易靠近它。不过这家伙也有可爱的地方，比如它鼻子上那个小小的角！

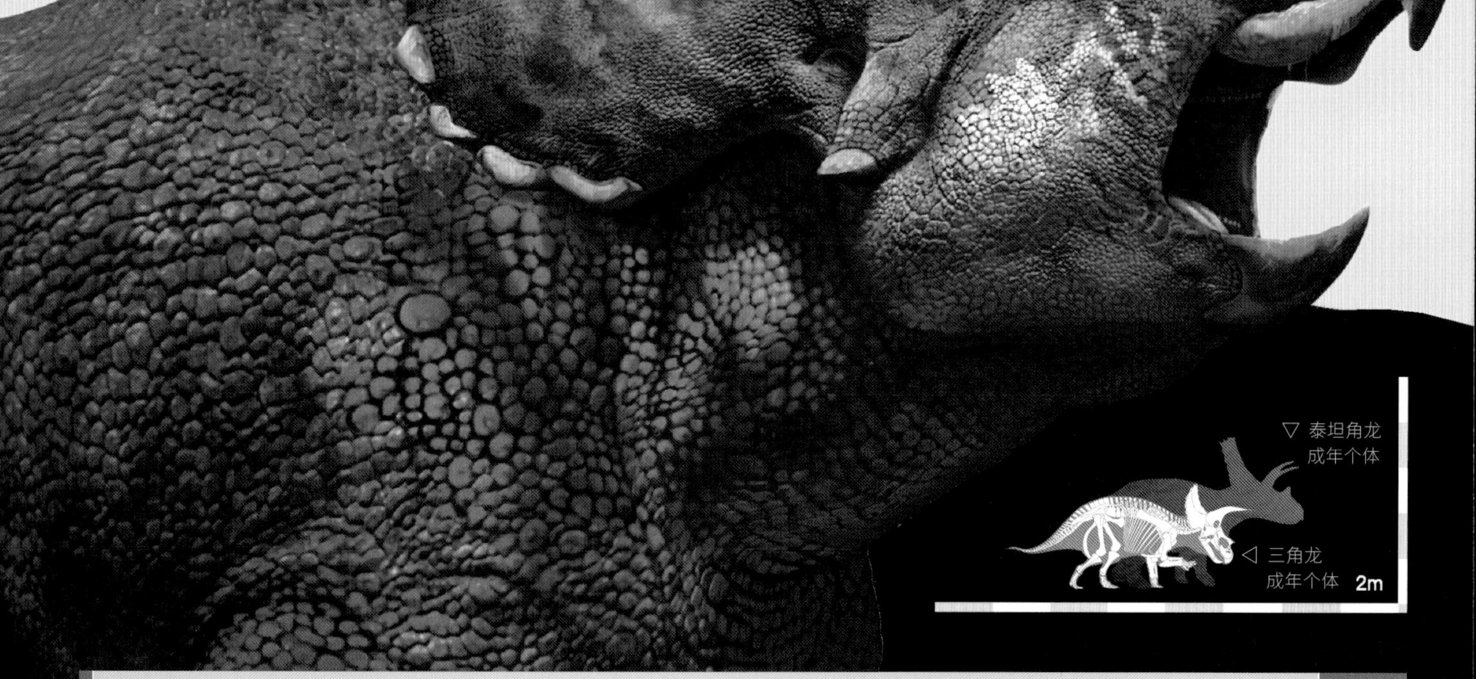

比一比谁最长

让我们从书中找出下列恐龙的体长，根据比例尺用铅笔填涂长度柱状图，比一比谁最长吧！

◁ 尼罗鳄成年个体
体长可达 6 米

1m

纤角龙 填涂范例 2m

◁ 猎豹成年个体
体长约 1.5 米

1m

古角龙

◁ 绵羊成年个体
体长约 1 米

1m

鹦鹉嘴龙

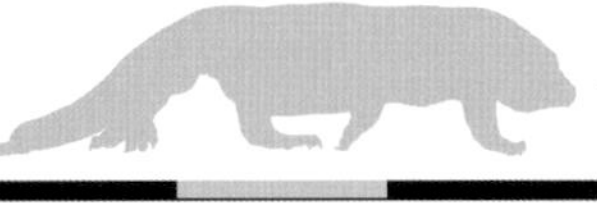

◁ 科摩多巨蜥成年个体
体长约 3 米

1m

中国角龙

◁ 信天翁成年个体
翼展约 3.5 米

1m

牛角龙

◁ 非洲疣猪成年个体
体长约 1.5 米

1m

开角龙

◁ 中华穿山甲成年个体
体长约 1 米

1m

三角龙

连连看化石来自哪里

让我们从书中找出下列恐龙的化石产地，然后用铅笔将恐龙与它们的化石产地所在大洲连起来，数一数这 6 只恐龙中有几只的化石产地在北美洲吧！

七大洲位置示意图

■亚洲 ■欧洲 ■非洲 ■大洋洲 ■南极洲 ■北美洲 ■南美洲

本示意图仅为说明大洲的大概位置而设计，并非各国精确疆域图。

○ 隐龙

○ 朝鲜角龙

○ 原角龙

○ 尖角龙

○ 厚鼻龙

○ 泰坦角龙

为三角龙上色吧！

参考右侧的彩色小图，用水彩笔或者油画棒为上方的线描三角龙上色，创作出自己的科学艺术作品吧！

PNSO恐龙大王幼儿百科

恐龙的秘密

强大的海洋霸主（上）

赵闯 / 绘　杨杨 / 文

化学工业出版社
·北京·

图书在版编目(CIP)数据

恐龙的秘密. 强大的海洋霸主（上）/ 赵闯绘；杨杨文. — 北京：化学工业出版社，2020.10
（PNSO 恐龙大王幼儿百科）
ISBN 978-7-122-37511-7

Ⅰ. ①恐… Ⅱ. ①赵… ②杨… Ⅲ. ①恐龙 - 儿童读物 Ⅳ. ① Q915.864-49

中国版本图书馆 CIP 数据核字 (2020) 第 148780 号

责任编辑：刘晓婷　潘英丽　　责任校对：王佳伟

出版发行：化学工业出版社（北京市东城区青年湖南街 13 号　邮政编码 100011）
印　　装：天津图文方嘉印刷有限公司
889mm × 1194mm　1/16　印张 15　2021 年 1 月北京第 1 版第 1 次印刷

购书咨询：010-64518888　售后服务：010-64518899
网　　址：http：//www.cip.com.cn
凡购买本书，如有缺损质量问题，本社销售中心负责调换。

定 价：168.00 元（全 10 册）

目录

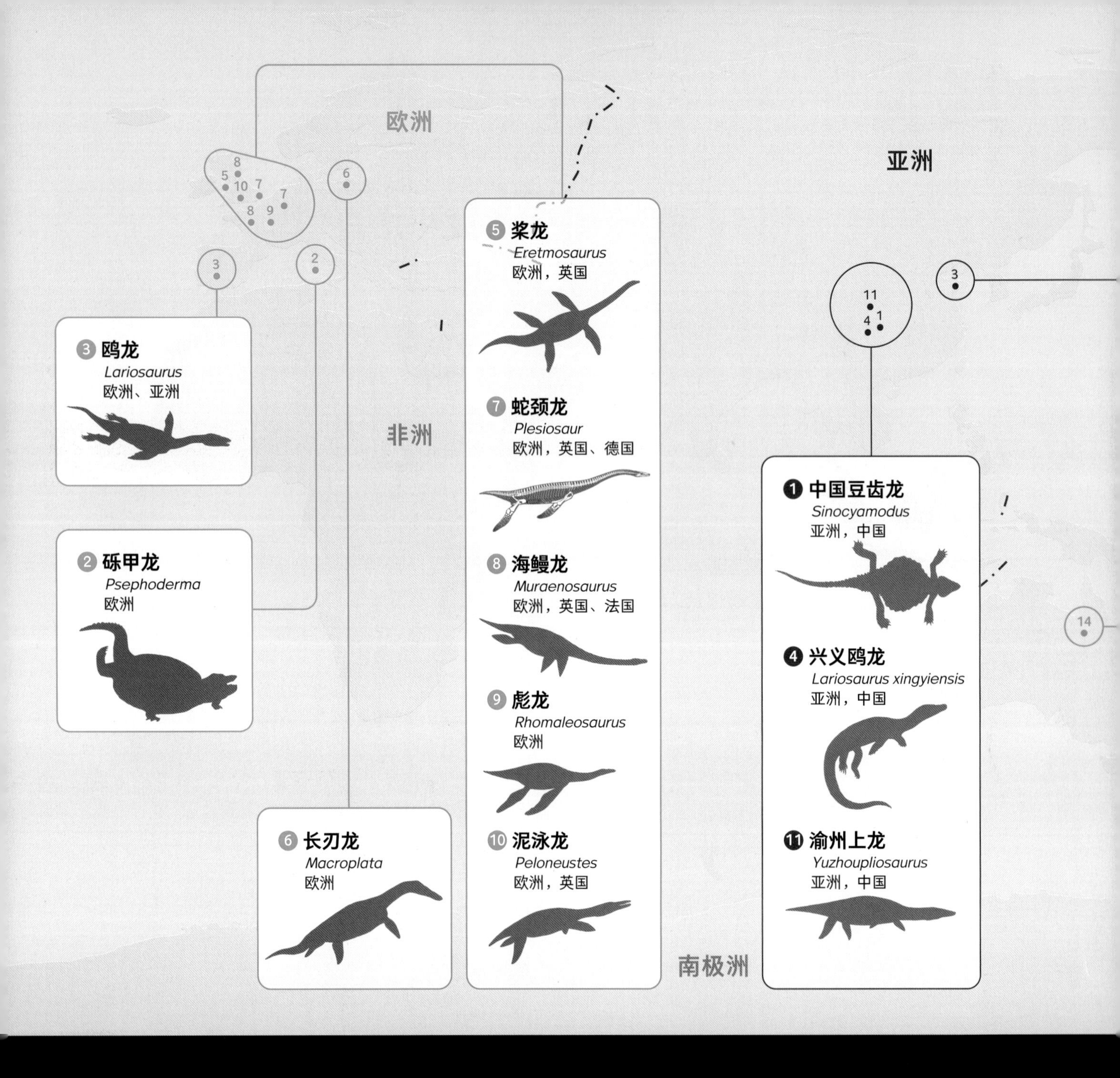

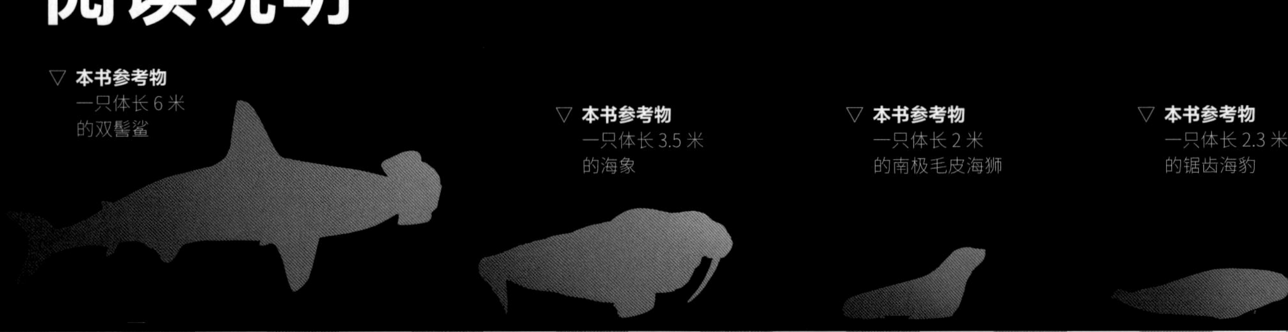

△ **长度比例尺**（每个小格代表 1 米长哦）

代					
纪	三叠纪			侏罗纪	
世	早三叠世	中三叠世	晚三叠世	早侏罗世	中侏罗世
距今年代（百万年）	251.9			约 201.3	

北美洲

本书中的水怪
主要化石产地分布示意图

图例：
大洲分界线
欧洲发掘点
非洲发掘点
亚洲发掘点
大洋洲发掘点
北美洲发掘点
南美洲发掘点

声明：
本示意图仅为说明水怪发掘地的大概位置而设计，并非各国精确疆域图。

3 鸥龙
Lariosaurus
欧洲、亚洲

12 三尖股龙
Trinacromerum
北美洲，美国

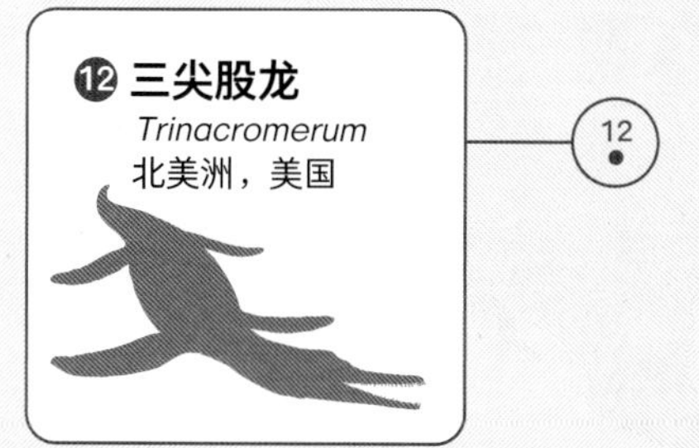

12

14 克柔龙
Kronosaurus
大洋洲，澳大利亚

南美洲

13

13 猎章龙
Kaiwhekea
大洋洲，新西兰

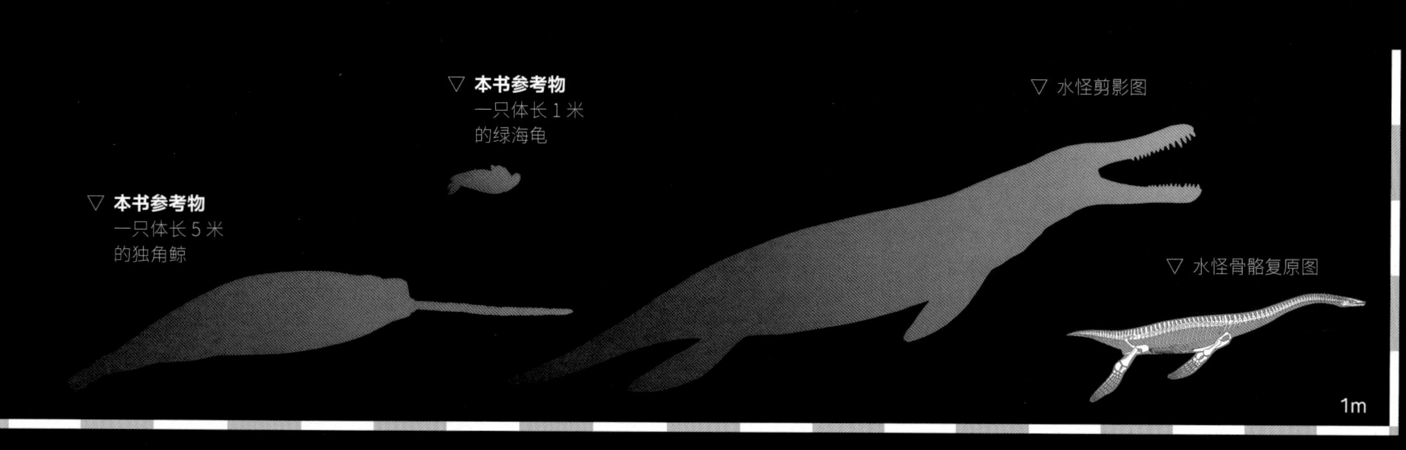

▽ 本书中的水怪的地质年代表

中生代		
	白垩纪	
晚侏罗世	早白垩世	晚白垩世

约 145.0　　66.0

水怪的秘密
强大的海洋霸主

爬行动物是地球上第一种完全摆脱了水生环境束缚的生命，它们花了 1 亿年的时间才从水中走向陆地，可是总有一些生命不喜欢这样墨守成规，它们在看过陆上的风景之后，便又想返回水中生活。在这本书里，我们要向孩子们介绍的就是这些恐龙的邻居，已经灭绝的中生代水生爬行动物。

水生爬行动物并非来自同一个家族，在生命的历程中，有过众多的种类进行了这样大胆的尝试。鳍龙类就是中生代水生爬行动物的一个重要家族，包括肿肋龙类、楯齿龙类、幻龙类、纯信龙类，以及由幻龙类的一支发展而来的蛇颈龙类。它们在浩瀚的大海中遨游，试图征服那个神秘的世界。我们即将要领略到的就是它们曾经在海洋中创造过的辉煌。

孩子对于已经灭绝生物的热爱，是出于好奇的本能，而保护孩子这份珍贵的好奇心，并帮助孩子进行更加深入的探索，则是激发他们的想象力、创造力，并进行科学启蒙的最好方式。

我们将本书的探索过程分为三个阶段。首先，请孩子们自己欣赏书中的所有视觉作品，从生命形象复原图中认识水生爬行动物，从它们与其他动物或物品的比较中了解水生爬行动物，从比例尺、地图等工具中理解水生爬行动物。其次，请家长或者老师陪伴孩子进行文字阅读，通过生动有趣的文字介绍，深刻地认知每一种水生爬行动物的特点、习性、行动能力、生活方式等，打破时间和空间的限制，将孩子带入一个更加广阔的世界。最后，请孩子通过比较大小、为水生爬行动物寻找食物、为水生爬行动物上色等环节，综合运用多种能力，将所学到的知识用于实践中，充分锻炼孩子的逻辑思维能力，提升孩子的想象力和创造力。

现在，就让我们一起进入神奇的探索之旅吧！

不擅游泳的

中国豆齿龙

中国豆齿龙是最早进入水中的爬行动物之一，来自楯齿龙家族。楯齿龙类动物分两个支系，其中一支类似粗壮的蜥蜴，另一支则类似龟，身披甲壳，但它们和龟其实没什么关系。中国豆齿龙就属于拥有甲壳的一类，它的背部有一块背甲，有很多五边形或者六边形的甲片。它的腹部没有甲壳，光秃秃的。中国豆齿龙的牙齿像一颗颗豆子，尾巴很长，游泳技术不好，只能在近岸的浅水里生活。

Sinocyamodus

中国豆齿龙

体形：幼年个体体长约 0.5米

食性：贝类

生存年代：三叠纪

化石产地：亚洲，中国

代	中生代							
纪	三叠纪			侏罗纪			白垩纪	
世	早三叠世	中三叠世	晚三叠世	早侏罗世	中侏罗世	晚侏罗世	早白垩世	晚白垩世
距今年代（百万年）	251.9 中国豆齿龙		砾甲龙	约 201.3			约 145.0	66.0

Psephoderma
砾甲龙

体形：体长约 1.8 米

食性：贝类、软体动物等

生存年代：三叠纪

化石产地：欧洲

像大海龟一样的 砾甲龙

砾甲龙的外形和中国豆齿龙有些像，身上也有甲板，尾巴同样被鳞甲包裹，看起来就像一只大海龟，不过它的体形要比中国豆齿龙大不少。硕大的体形并没有为它适应水生生活带来额外的好处，它的游泳技术依然不高。现在，它正摆动着短粗的还长有脚趾的鳍状肢，边爬边游，去捕食自己喜欢的藤壶。它坚硬的像鸟喙一样的嘴巴，可以轻松地压碎猎物的外壳。

▽ 砾甲龙
成年个体

▽ 中国豆齿龙
幼年个体

50cm

最小的幻龙之一——
鸥龙

Lariosaurus

鸥龙

体形：体长 0.6 ～ 2 米

食性：鱼类等

生存年代：三叠纪

化石产地：欧洲、亚洲

鸥龙来自幻龙家族，和楯齿龙类相比，幻龙类适应水生生活的能力更强，它们的脚掌开始演化成桨状，能够让它们更好地在水中运动。

鸥龙的体形很小，有着奇特的样貌，它的前肢已经进化成了鳍状肢，可是后肢还保留着 5 个脚趾。这样的身体结构自然不会让它成为游泳健将，因此它大部分时间都待在干燥的陆地上，或者在浅水中捕食。

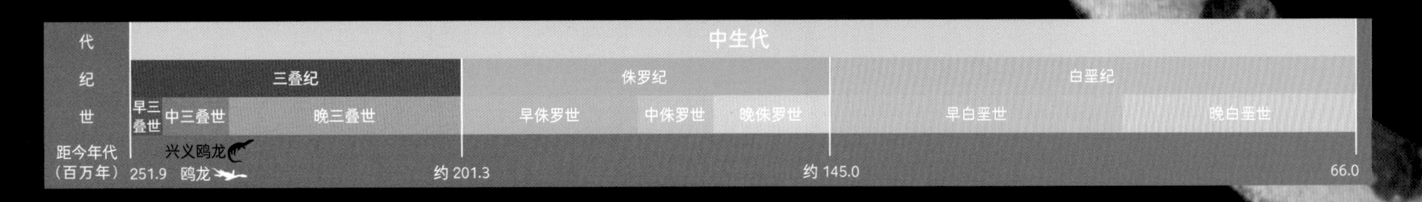

生活在浅海中的凶猛猎手——兴义鸥龙

Lariosaurus xingyiensis

兴义鸥龙

体形：体长约 2 米

食性：鱼类等

生存年代：三叠纪

化石产地：亚洲，中国

兴义鸥龙是发现于中国的鸥龙属成员，比之前发现于意大利或者西班牙的鸥龙要大一些。

兴义鸥龙看上去很像蜥蜴，脑袋呈窄长的三角形，脖子很长，而且非常灵活，能在水中自由摆动，这让它在水中的运动较为迅速。

兴义鸥龙拥有众多尖利的牙齿，特别是那 5 颗大而尖锐的前上颌骨牙齿，证明它们是一种凶猛的掠食者，它们喜欢在浅海海域捕食鱼类。

“划桨”健将——桨龙

到了侏罗纪，之前活跃在海中的很多爬行动物都消亡了，而从幻龙类演化而来的蛇颈龙类却开始兴盛起来。按照外形，蛇颈龙类大致可以分为两类，一类是脑袋小、脖子长的蛇颈龙亚目，另一类则是脑袋大、脖子短的上龙亚目。

桨龙是生存年代最早的蛇颈龙类成员，身体修长，长有四个鳍状肢。人们在发现它的时候，觉得它的鳍状肢和船桨很像，而它应该也是依靠“划桨”的方式在水中前进的，于是就给它起名为桨龙。

Eretmosaurus

桨龙

体形：体长 4 ～ 5 米

食性：鱼类等

生存年代：三叠纪

化石产地：欧洲，英国

代	中生代							
纪	三叠纪			侏罗纪			白垩纪	
世	早三叠世	中三叠世	晚三叠世	早侏罗世	中侏罗世	晚侏罗世	早白垩世	晚白垩世
距今年代（百万年）	251.9 桨龙			约 201.3 长刃龙			约 145.0	66.0

海中“猎豹”——长刃龙

长刃龙被认为是蛇颈龙亚目和上龙亚目的祖先，它的脖子看起来比上龙亚目成员要长，但是比蛇颈龙亚目成员要短。

长刃龙有着巨大的肩胛骨，可以附着强大的肌肉，这为它的游泳提供了强大的动力。它瞬间的爆发力非常强，就像猎豹一般，所以它在捕食时总是会利用自己的速度快速冲向鱼群，在鱼儿还没来得及逃脱之前，将它们吞到肚子里。

Macroplata
长刃龙

体形：体长约 4.5 米

食性：鱼类等

生存年代：侏罗纪

化石产地：欧洲

蛇颈龙——
鳍状肢是它最好的游泳工具

蛇颈龙就来自蛇颈龙亚目，它的脖子很长，但是不灵活，不能弯来弯去，尾巴很短，但是可以上下拍动，能为它的运动提供动力。不过，蛇颈龙最主要的游泳装备还是强壮的鳍状肢。蛇颈龙是胎生动物，也就是说生产时不用爬到岸上产卵，而是直接在水中产下幼崽，这让它们更能适应水中的生活。

Plesiosaur
蛇颈龙

体形：体长 3 ～ 5 米

食性：鱼、甲壳类等

生存年代：侏罗纪

化石产地：欧洲，英国、德国

喜欢伏击猎物的海鳗龙

海鳗龙也是蛇颈龙亚目家族成员，拥有小小的脑袋，以及长长的脖子。它的脖子几乎占了身长的一半，这让它的躯干部分看起来又短又宽。它的四肢已经进化成了强壮有力的鳍状肢，可以轻松地推动它在水中前进。海鳗龙的尾巴不长，当它游动的时候会上下拍打，就像鲸鱼一样，也可以为它提供动力。当它伏击猎物时，鳍状肢会紧贴身体，而它的尾巴则会负责推动身体靠近猎物。

Muraenosaurus
海鳗龙

体形：体长约 6 米

食性：鱼类、头足类等

生存年代：侏罗纪

化石产地：欧洲，英国、法国

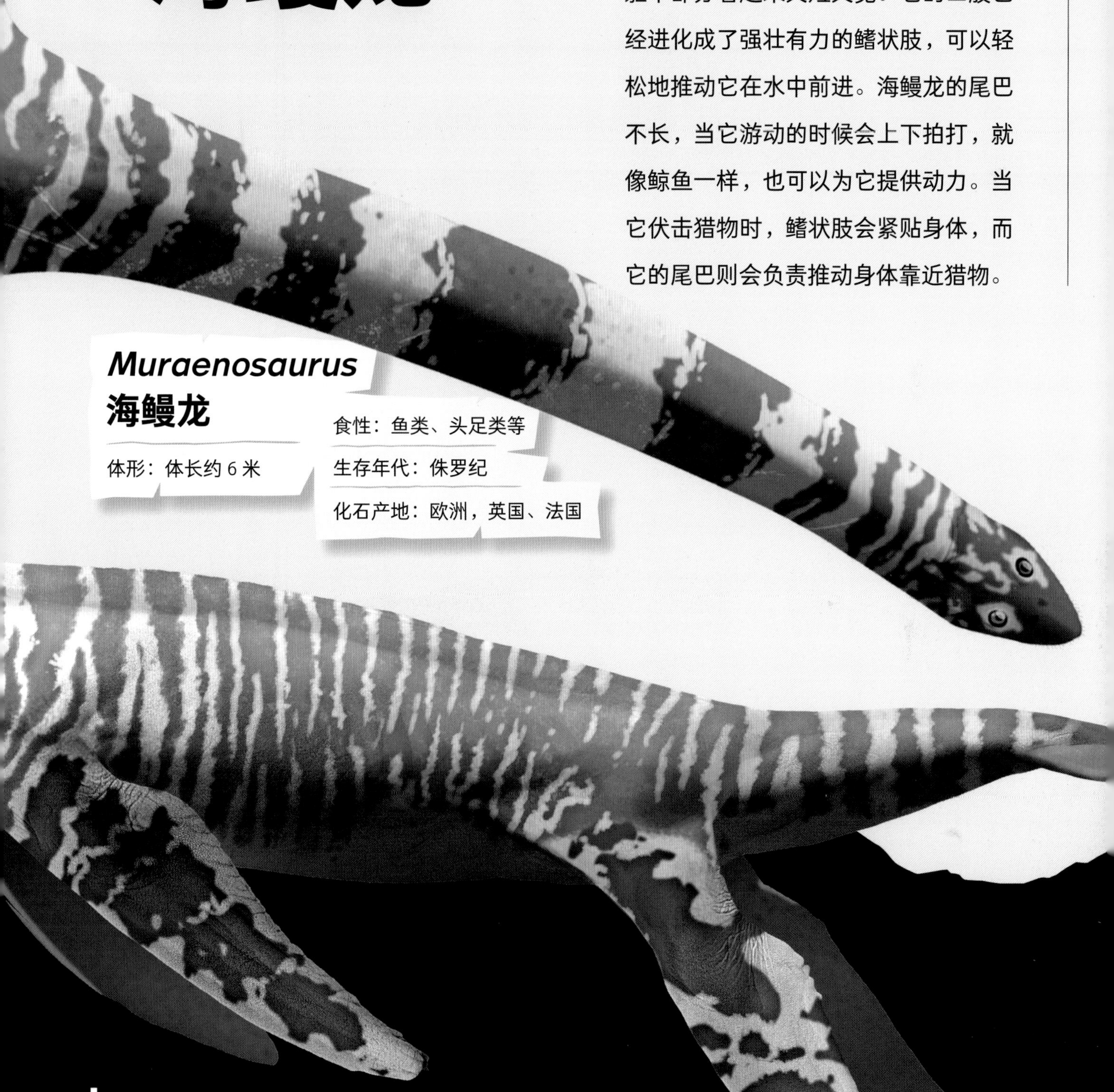

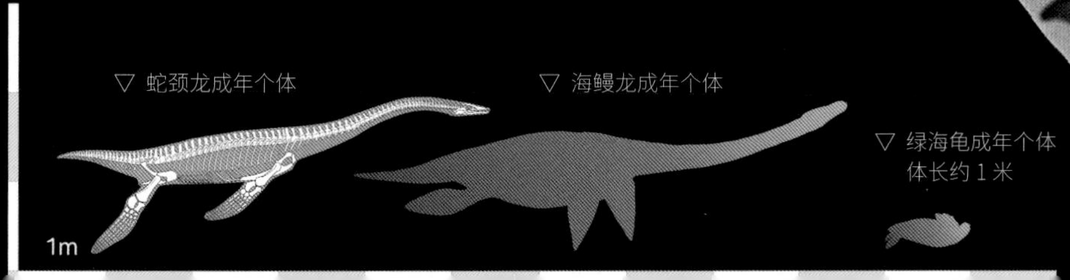

▽ 蛇颈龙成年个体

▽ 海鳗龙成年个体

▽ 绿海龟成年个体
体长约 1 米

1m

通过鼻子发现猎物的
彪龙

Rhomaleosaurus
彪龙

体形：体长约 7 米

食性：鱼类等

生存年代：侏罗纪

化石产地：欧洲

彪龙是最原始的上龙类成员之一，和来自蛇颈龙亚目的亲戚相比，它的脑袋变大了，脖子却缩短了。

彪龙不像其他动物通过眼睛来发现猎物，它寻找猎物的工具是鼻子。它的鼻子能通过水流闻到四周生物的味道，比如说哪里有它最喜欢的食物，哪里有腐尸，哪里有它的同伴，哪里有掠食者，这样它能很容易地捕食到猎物并避开敌人。体形巨大的彪龙，是当时的海洋霸主。

泥泳龙——体形不大，游泳很快

Peloneustes
泥泳龙

体形：体长约 3 米
食性：菊石等
生存年代：侏罗纪
化石产地：欧洲，英国

泥泳龙也来自蛇颈龙家族的上龙亚目，它的体长只有 3 米，是最小的上龙类之一。它的身体很短，看起来又宽又胖。

别看泥泳龙的个子小，但它却是难得的游泳健将。你仔细看，它的后鳍要比前鳍大，这说明它的游泳速度很快。泥泳龙喜欢吃坚硬的食物，比如菊石。

生活在淡水中的 渝州上龙

返回水中的爬行动物不一定都将家安在了大海里，有一部分更喜欢生活在湖泊、河流这样的淡水中，比如渝州上龙。

渝州上龙是上龙家族成员，体形中等，身长约4米，脖子很短，身体很宽。它捕食用的利器是5对大型的牙齿，以及23对或24对小型的牙齿。这些牙齿能帮助它捕食滑溜溜的小鱼。

Trinacromerum 三尖股龙

体形：体长约3米

食性：小型鱼类

生存年代：白垩纪

化石产地：北美洲，美国

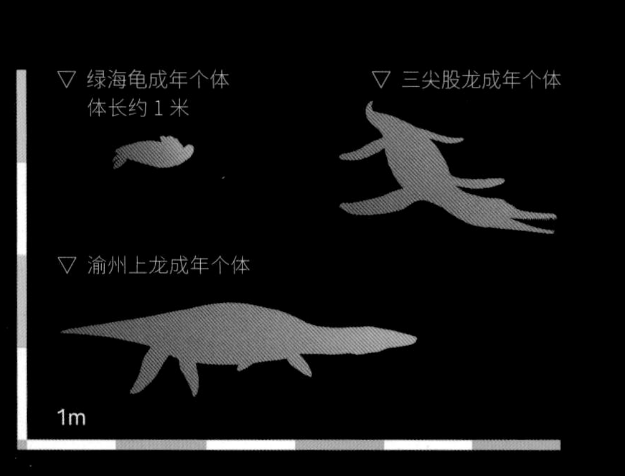

代	中生代								
纪	三叠纪			侏罗纪			白垩纪		
世	早三叠世	中三叠世	晚三叠世	早侏罗世	中侏罗世	晚侏罗世	早白垩世	晚白垩世	
距今年代（百万年）	251.9		约201.3	渝州上龙		约145.0		三尖股龙	66.0

体形：体长约 4 米

食性：鱼类等

生存年代：侏罗纪

化石产地：亚洲，中国

三尖股龙——它的血盆大口是小鱼的噩梦

三尖股龙的化石发现于美国堪萨斯州。它的身长大约 3 米，长有 4 个鳍状肢，游泳的速度很快。三尖股龙喜欢吃小鱼，它那张血盆大口常常一下子就能捕食到一大群从它身边路过的鱼。

因为它的股骨（也就是大腿骨）有三个尖，所以科学家将它取名为三尖股龙。

可怕的海洋霸主
克柔龙——

上龙亚目在白垩纪迅速发展，诞生了很多体形庞大的家族成员，比如身长超过 10 米的克柔龙，成为当时名副其实的海洋霸主。克柔龙的身体硕大，有一个巨大的脑袋，而且嘴巴大得几乎和脑袋一样长。它的嘴中布满了圆锥形的巨大牙齿，牙齿长度超过了 7 厘米。它的游泳速度极快，活动范围非常广，能潜入深海，是非常凶猛的捕食者。

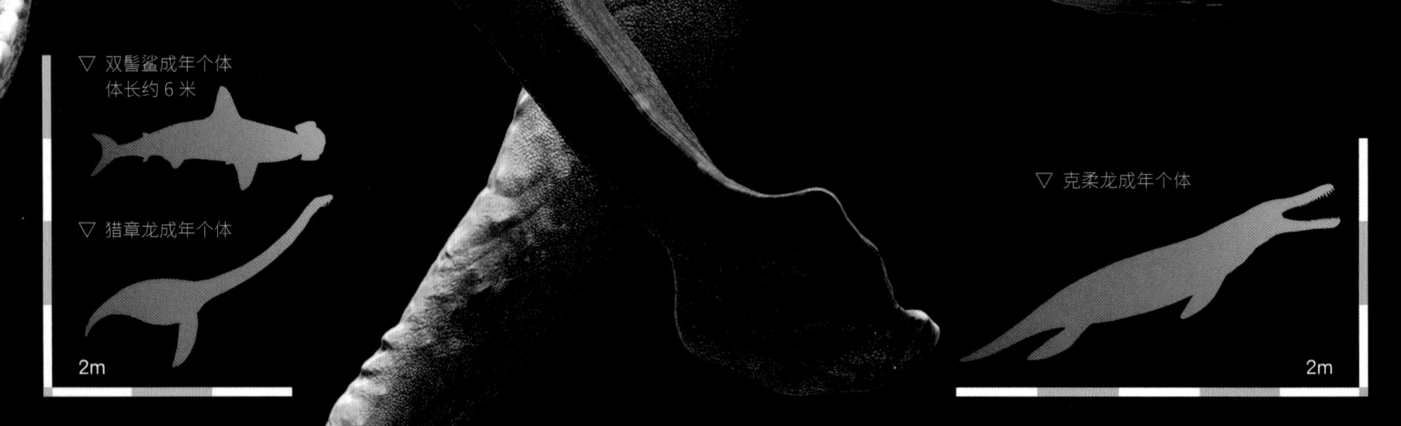

Kronosaurus
克柔龙

体形：体长约 10 米
食性：肉食
生存年代：白垩纪
化石产地：大洋洲，澳大利亚

视力敏锐的猎章龙

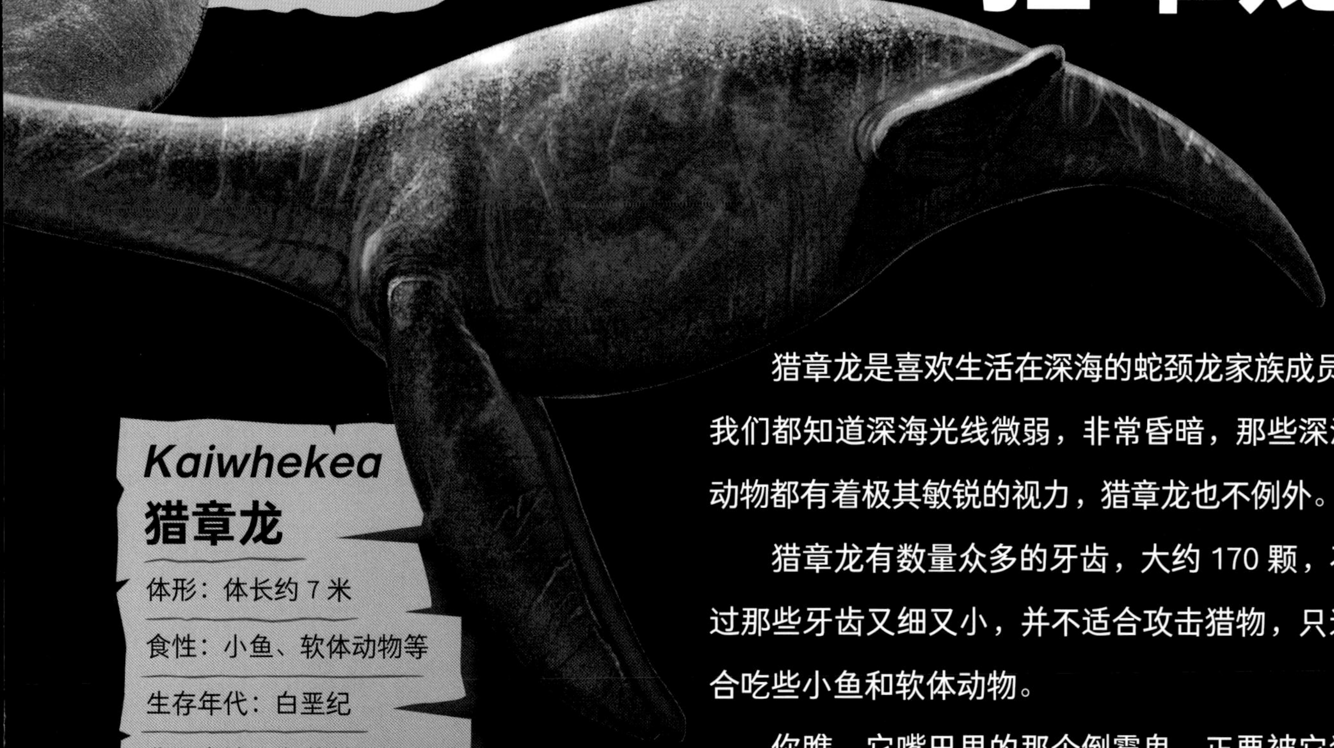

猎章龙是喜欢生活在深海的蛇颈龙家族成员，我们都知道深海光线微弱，非常昏暗，那些深海动物都有着极其敏锐的视力，猎章龙也不例外。

猎章龙有数量众多的牙齿，大约 170 颗，不过那些牙齿又细又小，并不适合攻击猎物，只适合吃些小鱼和软体动物。

你瞧，它嘴巴里的那个倒霉鬼，正要被它狼吞虎咽地吞到肚子里！

Kaiwhekea
猎章龙

体形：体长约 7 米
食性：小鱼、软体动物等
生存年代：白垩纪
化石产地：大洋洲，新西兰

比一比谁最长

让我们从书中找出下列水怪的体长，根据比例尺用铅笔填涂长度柱状图，比一比谁最长吧！

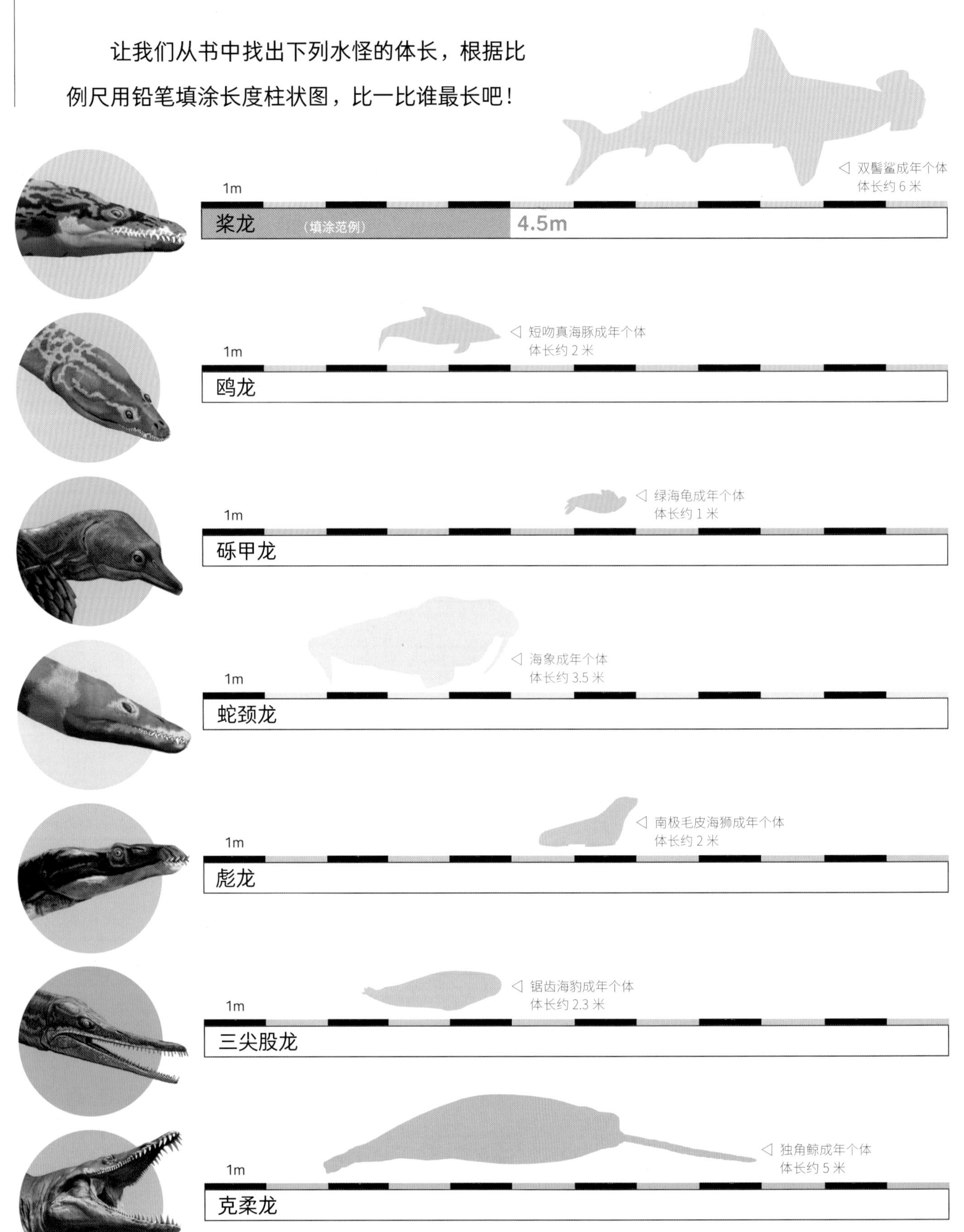

连连看水怪们吃什么

让我们从书中找出下列水怪的食性，然后用铅笔将水怪与它们喜欢的食物连起来，数一数这七只水怪有几只爱吃软体动物吧！

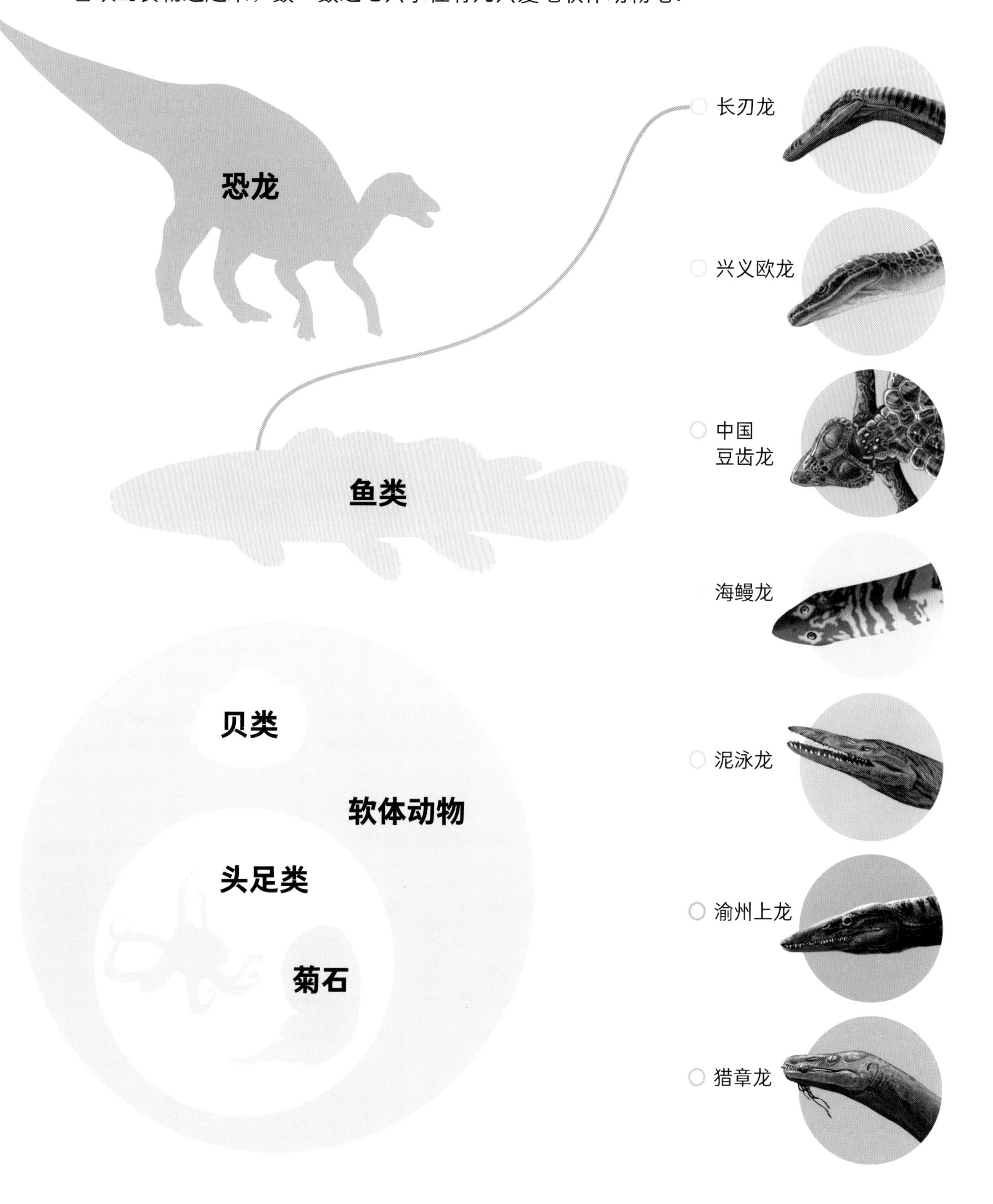

为长刃龙上色吧！

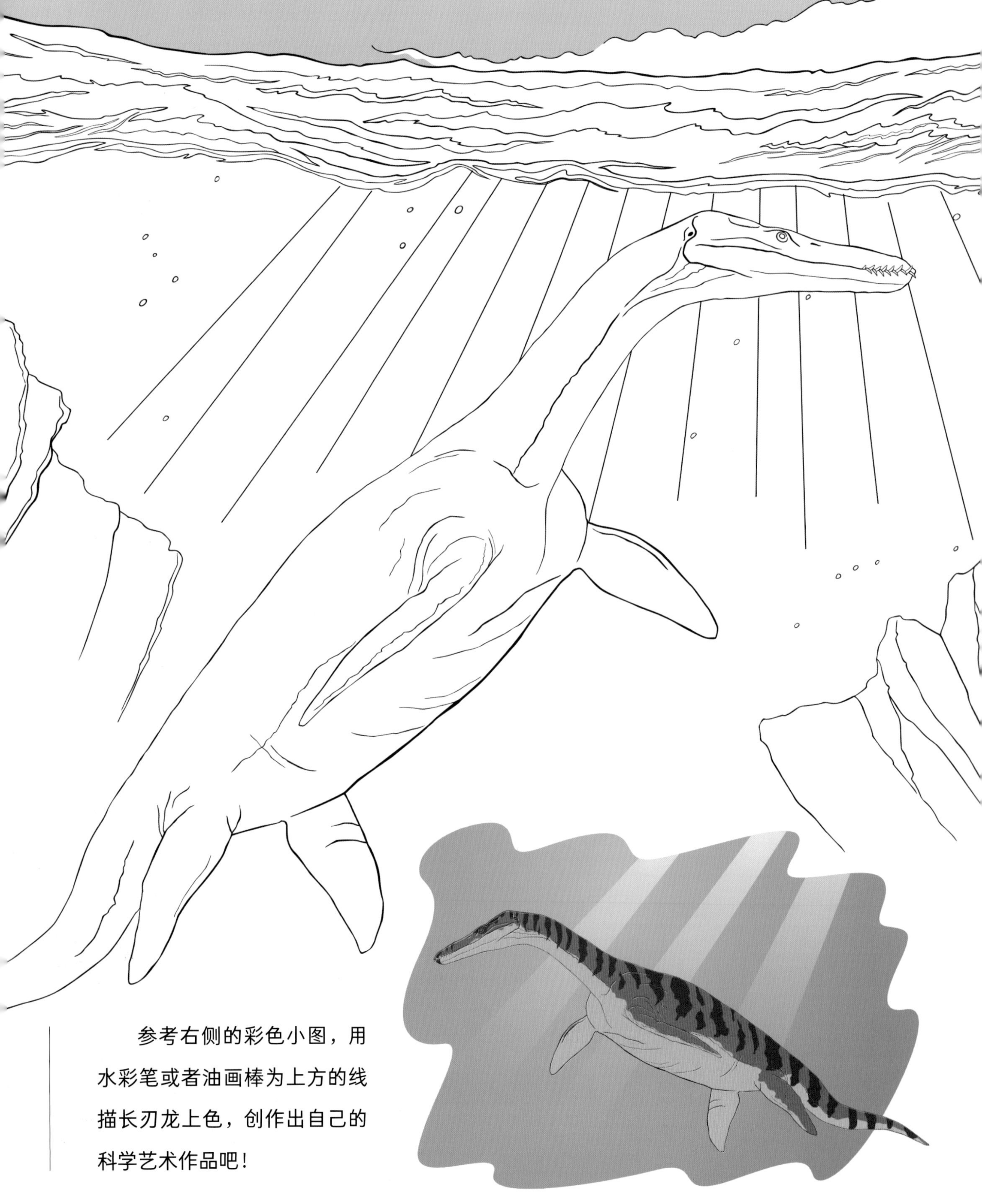

参考右侧的彩色小图，用水彩笔或者油画棒为上方的线描长刃龙上色，创作出自己的科学艺术作品吧！

PNSO恐龙大王幼儿百科

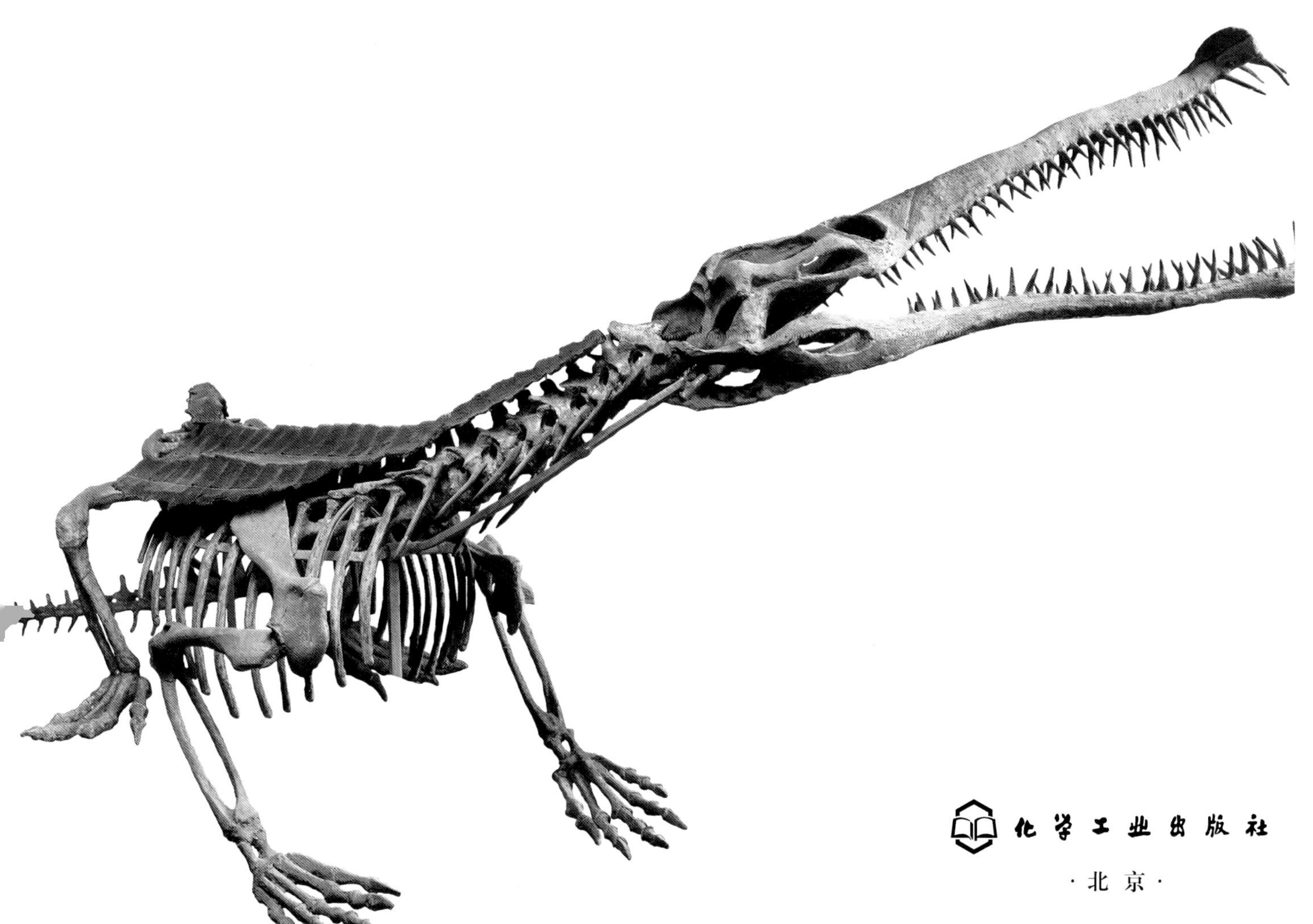

化学工业出版社
·北京·

图书在版编目(CIP)数据

恐龙的秘密. 强大的海洋霸主. 下 / 赵闯绘；杨杨文. — 北京：化学工业出版社，2020.10
（PNSO 恐龙大王幼儿百科）
ISBN 978-7-122-37511-7

Ⅰ. ①恐… Ⅱ. ①赵… ②杨… Ⅲ. ①恐龙－儿童读物 Ⅳ. ① Q915.864-49

中国版本图书馆 CIP 数据核字 (2020) 第 148779 号

责任编辑：刘晓婷　潘英丽　　　　责任校对：王佳伟

出版发行：化学工业出版社（北京市东城区青年湖南街 13 号　邮政编码 100011）
印　　装：天津图文方嘉印刷有限公司
889mm × 1194mm　1/16　印张 15　2021 年 1 月北京第 1 版第 1 次印刷

购书咨询：010-64518888　售后服务：010-64518899
网　　址：http：//www.cip.com.cn
凡购买本书，如有缺损质量问题，本社销售中心负责调换。

定　价：168.00 元（全 10 册）

目录

读在前面 | 引导章

恐龙知识 | 内容章

动起手来 | 互动章

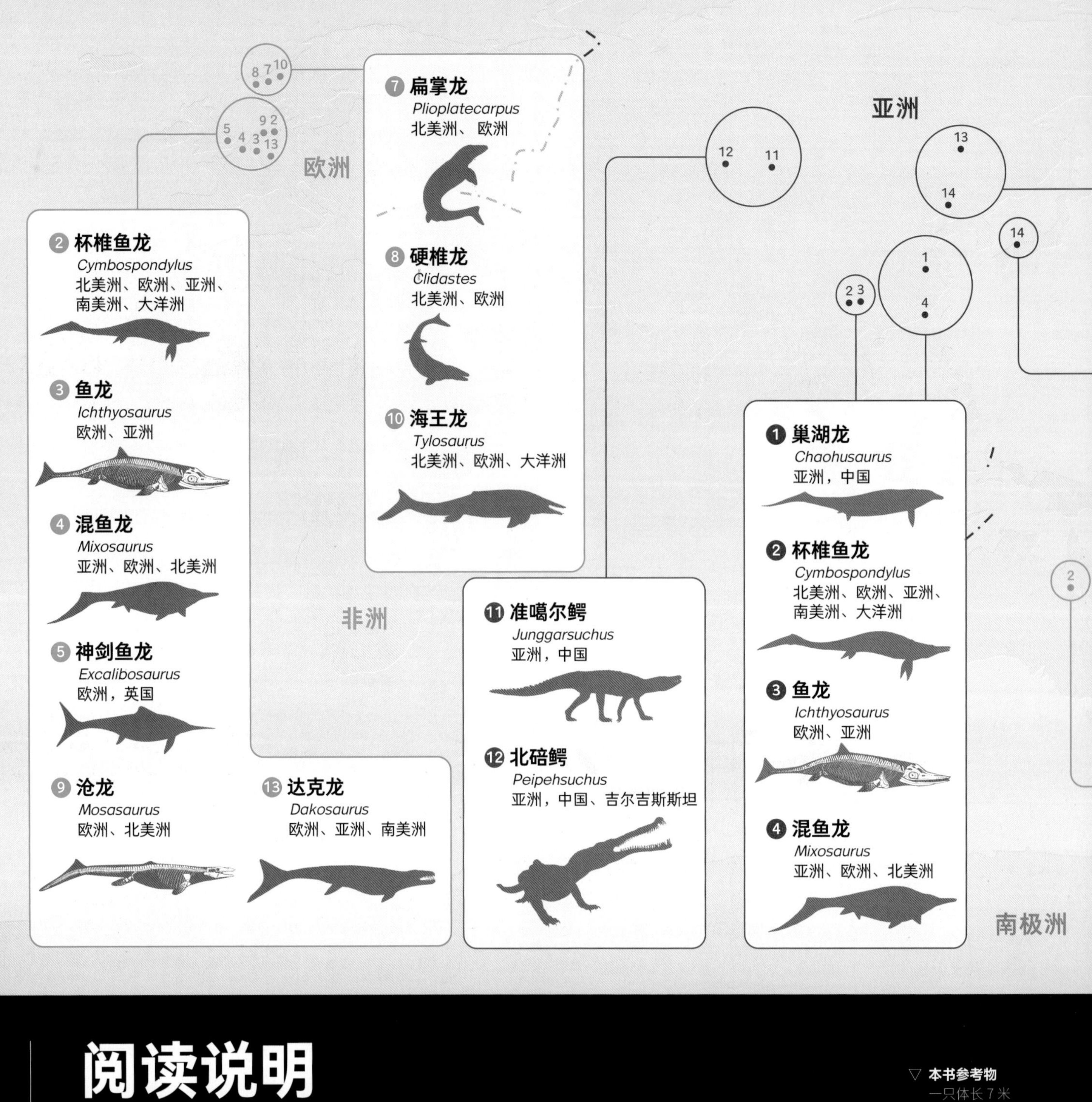

阅读说明

△ **长度比例尺**（每个小格代表 1 米长哦）

代	
纪	三叠纪 / 侏罗纪
世	早三叠世 / 中三叠世 / 晚三叠世 / 早侏罗世 / 中侏罗世
距今年代（百万年）	251.9 / 约 201.3

本书中的水怪

主要化石产地分布示意图

图例：

大洲分界线
欧洲发掘点
非洲发掘点
亚洲发掘点
大洋洲发掘点
北美洲发掘点
南美洲发掘点

声明：

本示意图仅为说明水怪发掘地的大概位置而设计，并非各国精确疆域图。

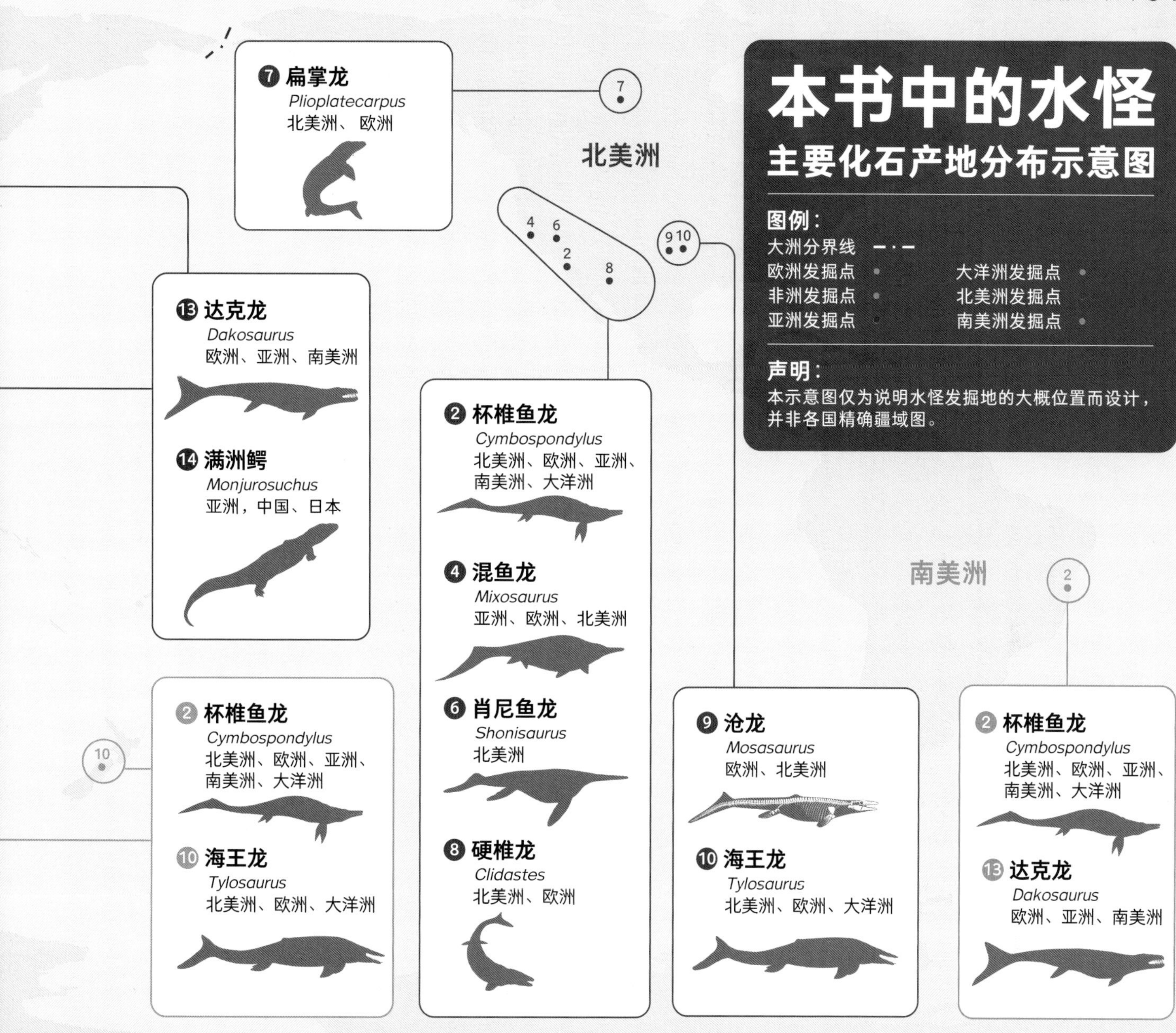

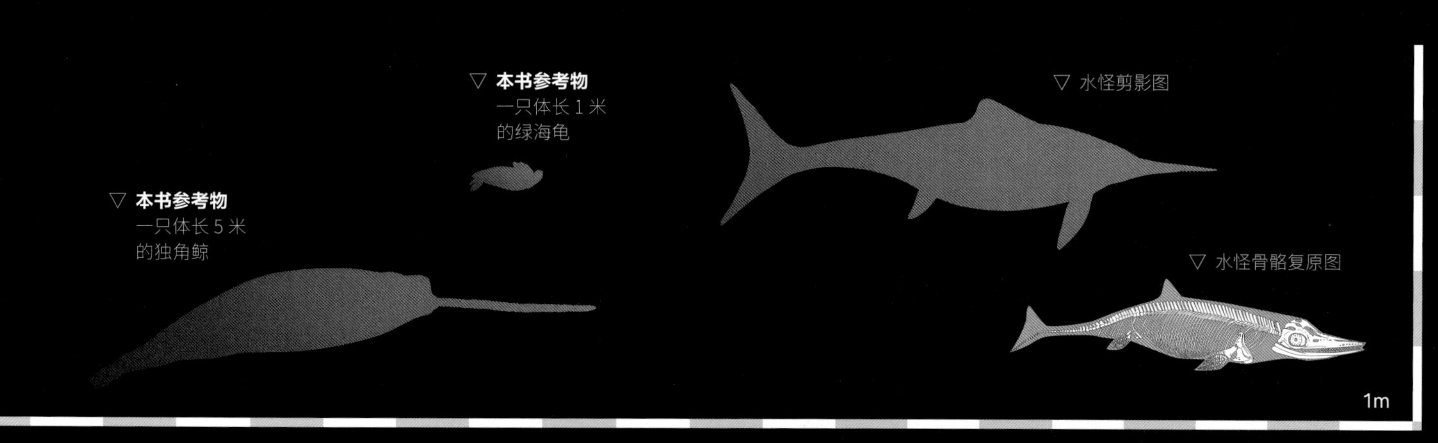

水怪的秘密

强大的海洋霸主

爬行动物是地球上第一种完全摆脱了水生环境束缚的生命，它们花了1亿年的时间才从水中走向陆地，可是总有一些生命不喜欢这样墨守成规，它们在看过陆上的风景之后，便又想返回水中生活。在这本书里，我们要向孩子们介绍的就是这些恐龙的邻居，已经灭绝的生命——中生代水生爬行动物。

水生爬行动物并非来自同一个家族，在生命的历程中，有过众多的种类进行了这样大胆的尝试，其中外形类似海豚的鱼龙类、像水蛇一般的沧龙类，以及

凶猛的海鳄类，都曾经登上过海洋霸主的宝座。虽然它们形态大不相同，但是凭借先进的身体结构，极强的适应水生生活的能力，分别在不同时期成为中生代海洋的王者。虽然它们现在都已经灭绝，可是它们曾经在海中创造的辉煌却一直被人们称颂着。

孩子对于已经灭绝生物的热爱，是出于好奇的本能，而保护孩子这份珍贵的好奇心，并帮助孩子进行更加深入的探索，则是激发他们的想象力、创造力，并进行科学启蒙的最好方式。

我们将本书的探索过程分为三个阶段。首先，请孩子们自己欣赏书中的所有视觉作品，从生命形象复原图中认识水生爬行动物，从它们与其他动物或物品的比较中了解水生爬行动物，从比例尺、地图等工具中理解水生爬行动物。其次，请家长或者老师陪伴孩子进行文字阅读，通过生动有趣的文字介绍，深刻地认知每一种水生爬行动物的特点、习性、行动能力、生活方式等，打破时间和空间的限制，将孩子带入一个更加广阔的世界。最后，请孩子通过比较大小、为水生爬行动物寻找化石产地、为水生爬行动物上色等环节，综合运用多种能力，将所学到的知识用于实践中，充分锻炼孩子的逻辑思维能力，提升孩子的想象力和创造力。

现在，就让我们一起进入神奇的探索之旅吧！

海中的“蜥蜴”——巢湖龙

▽ 巢湖龙成年个体
◁ 海象成年个体
体长约 3.5 米
2m
▽ 杯椎鱼龙
成年个体
2m
代
中生代
纪
三叠纪
侏罗纪
白垩纪
世
早三叠世
中三叠世
晚三叠世
早侏罗世
中侏罗世
晚侏罗世
早白垩世
晚白垩世
距今年代
（百万年）
巢湖龙
251.9
杯椎鱼龙
约 201.3
约 145.0
66.0

Chaohusaurus
巢湖龙

体形：体长 0.7 ～ 1.7 米

食性：鱼类

生存年代：三叠纪

化石产地：亚洲，中国

巢湖龙是一种原始的鱼龙类，它看起来就像一条在海中游动的蜥蜴，身体极其细长。它的鳍状肢和尾鳍都很小，没有背鳍，所以游动的速度很慢。好在它的眼睛很大，视力很好，能够帮助它发现猎物或者躲避掠食者。它嘴里布满圆锥形的细小牙齿，能轻松地对付小鱼。

Cymbospondylus
杯椎鱼龙

体形：体长 6 ～ 10 米

食性：鱼类

生存年代：三叠纪

化石产地：北美洲、欧洲、亚洲、南美洲、大洋洲

三叠纪海洋世界的霸主——杯椎鱼龙

杯椎鱼龙虽然也是原始的鱼龙家族成员，但是和巢湖龙相比，它们的体形已经变得非常大了，最大的能达到 10 米长，是三叠纪海洋中名副其实的霸主，身影遍布世界各大洋。

杯椎鱼龙的身体细长，有一条巨大的尾巴，几乎占了身长的一半。它们在游动时，会像海蛇一样摆动整个身体，为前进提供动力。而它们的鳍状肢，则主要用来控制方向，以及保持身体稳定。

喜欢捕食乌贼的

鱼龙

从三叠纪晚期开始，鱼龙家族真正进入了繁盛时期。它们不再像海里的蜥蜴，身体开始变得更具流线型。

鱼龙是鱼龙家族的典型代表，它的外形看起来已经有些类似今天的海豚了。圆润的身型、三角形的背鳍以及新月形的尾鳍，让它更加适应海里的生活。它在水中的游动速度变得很快，喜欢捕食行动敏捷的乌贼。

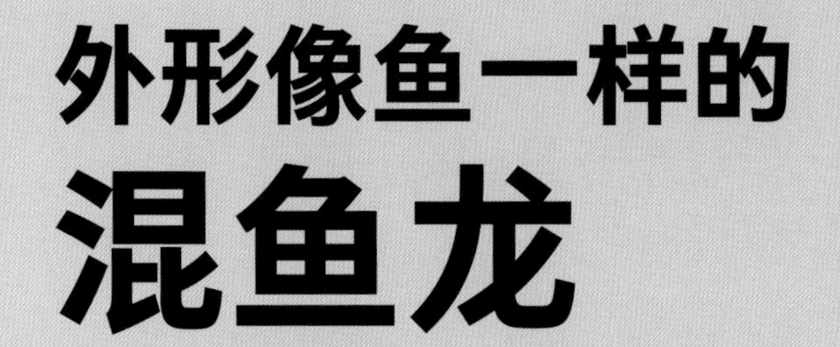

外形像鱼一样的 混鱼龙

混鱼龙的外形看起来很像今天的鱼类，有着圆鼓鼓的身体，单从这一点来看，我们就知道它在水中的运动非常灵活。混鱼龙有四个鳍状肢，背鳍矮小，有一条巨大的尾巴，并且尾巴末端有一个菱形的尾鳍，而不像很多同时代的鱼龙那样，尾鳍呈三角形。这条尾巴能给它提供足够的动力，让它们在海洋中快速前行。

混鱼龙家族非常繁盛，不管是种类还是数量都很多，是当时海洋中的优势物种。

Ichthyosaurus

鱼龙

体形：体长 2 ～ 5 米

食性：乌贼

生存年代：晚三叠世至早侏罗世

化石产地：欧洲、亚洲

嘴巴像剑一样的
神剑鱼龙

海洋中的潜水艇——
肖尼鱼龙

夕阳将大海照耀得像宝石一般美丽，映出绚丽的红色。一群肖尼鱼龙优雅地游动着，可是所到之处都会引起一阵慌乱，这全都是因为肖尼鱼龙巨大的体形。

肖尼鱼龙体长约有 15 米，曾经有体长达到 21 米的化石被归入肖尼鱼龙属，不过后来研究人员认为那其实是一种萨斯特鱼龙。即使是这样，肖尼鱼龙仍旧是巨型鱼龙类，它们就像海中的潜水艇，划动着修长的鳍状肢，在大海中四处寻觅猎物。这样的庞然大物，谁能不害怕它们呢？

Excalibosaurus
神剑鱼龙

体形：体长约 7 米

食性：甲壳类等

生存年代：侏罗纪

化石产地：欧洲，英国

神剑鱼龙是一种非常特别的鱼龙类成员，喜欢在深海活动，因为它们的视力很好，能适应黑暗的海洋生活。不过这并不是它们最特别的地方，你看到它们奇怪的嘴巴了吗？那才是最神奇的。神剑鱼龙有着剑一般的嘴巴，又尖又细，而且上喙比下喙要长出不少。这样特别的嘴巴是它们捕食猎物的工具，它们可以用尖尖的嘴喙寻找躲藏在泥沙中的食物。

Shonisaurus
肖尼鱼龙

体形：体长约 15 米

食性：肉食

生存年代：三叠纪

化石产地：北美洲

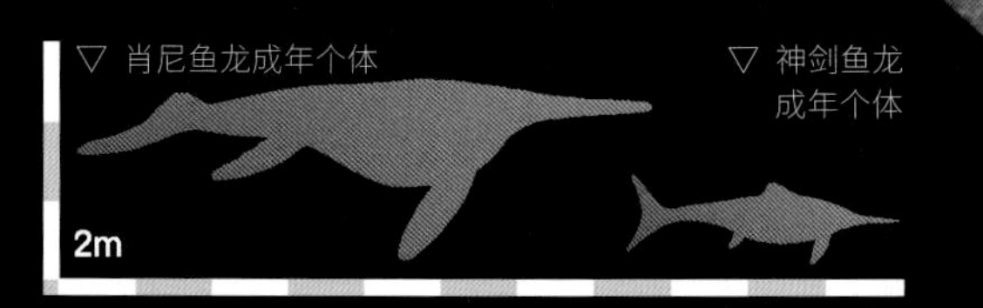

能吞下比自己脑袋还要宽的猎物的
扁掌龙

在三叠纪晚期和侏罗纪称霸海洋的鱼龙家族，在白垩纪时逐渐消亡，取而代之的是可怕的沧龙家族。

扁掌龙是沧龙家族的一员，它的四肢虽然已经变成了鳍状肢，但是从手掌和脚掌的骨骼结构上看，它们仍然保留着五个指（趾）头的骨骼结构，就像它的陆地祖先那样。

扁掌龙的嘴巴又细又尖，却能一口吞下比自己脑袋还要宽的猎物，这是为什么呢？原来扁掌龙的下巴是可以活动的，如果它遇到很大的猎物，下巴就会脱落下来，这样能使嘴巴张得很大，庞大的猎物也就轻易被它吞到肚子里了。

Plioplatecarpus
扁掌龙

食性：肉食
生存年代：白垩纪
体形：体长约 6 米
化石产地：北美洲、欧洲

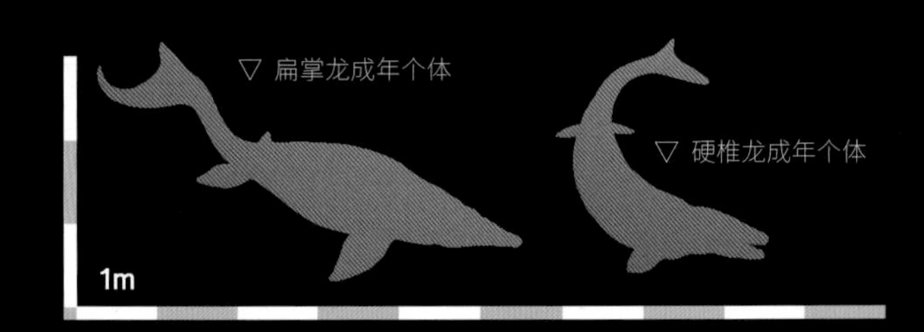

Clidastes
硬椎龙

体形：体长 2 ～ 6.2 米
食性：鱼类、飞鸟
生存年代：白垩纪
化石产地：北美洲、欧洲

超级棒的游泳健将——硬椎龙

硬椎龙在沧龙家族绝对算不上大个子，平均身长只有 2 ～ 4 米，最长的也就 6.2 米，可它们却是超级棒的游泳健将。这得益于硬椎龙修长的体形，以及那条大大的、扁平的尾巴，它为硬椎龙的前行提供了强大的动力。当它的尾巴在水中 S 形地摆动时，身体便可以快速前进，超快的游泳速度保证了硬椎龙能在强手如云的时代幸运地生存下来。

有史以来最凶猛的海洋霸主——沧龙

Mosasaurus
沧龙

体形：体长 12 ～ 17.6 米
食性：肉食
生存年代：白垩纪
化石产地：欧洲、北美洲

沧龙家族不仅在很短的时间内征服了海洋，而且还诞生了有史以来最凶猛的海洋霸主——沧龙。

沧龙的体形超级大，最长的能达到 17.6 米。它们的身体呈流线型，尾巴巨大而粗壮，能高度适应海洋生活。它们的脑袋大而结实，颌部有力，有着强大的咬合力。它们的牙齿粗壮锋利，能轻松穿透坚硬的甲壳。海洋中所有的动物，鱼、菊石、海龟，甚至是其他小型沧龙科动物都是它们的美食。要是活到今天，就连凶猛的鲨鱼恐怕都不是它们的对手。

拥有秘密武器的海王龙

Tylosaurus
海王龙

体形：体长约 12 米
食性：肉食
生存年代：白垩纪
化石产地：北美洲、欧洲、大洋洲

虽然成年沧龙是海洋的霸主，可年幼的小沧龙却常常会成为同类口中的美食。同样巨大的海王龙，就会捕食小沧龙。海王龙不仅体形庞大，还拥有优秀的视觉、粗壮锋利的牙齿，而且它的上颌前端还长有一个瘤凸，非常坚硬，可以用来冲撞敌人或者猎物，是它的秘密武器。正因为如此，它才敢肆无忌惮地对小沧龙下手。

能够快速奔跑的
准噶尔鳄

除了鱼龙和沧龙两大家族，海鳄类也是当时海洋中凶猛的霸主之一。海鳄类是完全水生的物种，但并不是所有的鳄形类动物都生活在水里，比如现代鳄鱼的远祖——准噶尔鳄，就是陆生的，它们就像恐龙一样在陆地上奔跑。

准噶尔鳄和现代鳄鱼的形象大相径庭。它们的四肢较长，可以高高地站立，它们并不是匍匐前进的，而是能够快速奔跑。

Junggarsuchus
准噶尔鳄

体形：体长小于 1 米

食性：肉食

生存年代：侏罗纪

化石产地：亚洲，中国

代	中生代							
纪	三叠纪			侏罗纪			白垩纪	
世	早三叠世	中三叠世	晚三叠世	早侏罗世	中侏罗世	晚侏罗世	早白垩世	晚白垩世
距今年代（百万年）	251.9		约 201.3	北碚鳄	准噶尔鳄	约 145.0		66.0

Peipehsuchus
北碚鳄

体形：体长约 3 米

食性：鱼

生存年代：侏罗纪

化石产地：亚洲，中国、吉尔吉斯斯坦

▽ 北碚鳄成年个体

▽ 准噶尔鳄成年个体

0.5m

喜欢吃鱼的北碚鳄

北碚鳄是一种真正的海鳄类动物，生活在湖泊和河流中。它的长相很特别，嘴巴又长又尖，布满锋利的牙齿。它的体形不大，背上覆着坚硬的鳞甲。

北碚鳄是游泳高手，很喜欢四处捕食鱼类。

拥有血盆大口喜欢捕食鱼龙的达克龙

Dakosaurus
达克龙

体形：体长 4 ～ 5 米

食性：肉食

生存年代：晚侏罗世至早白垩世

化石产地：欧洲、亚洲、南美洲

▽ 达克龙成年个体

▽ 满洲鳄成年个体

1m

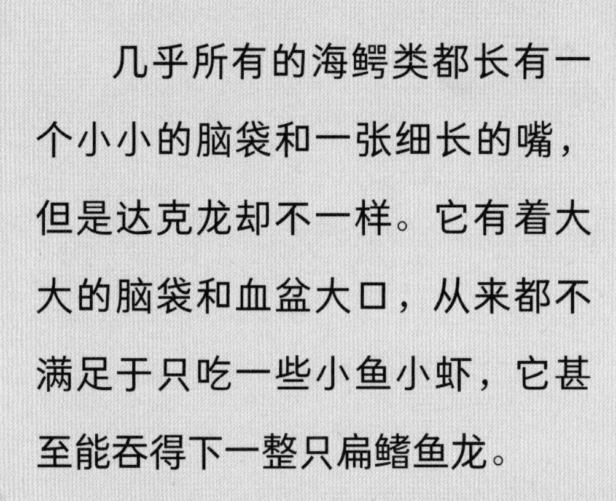

几乎所有的海鳄类都长有一个小小的脑袋和一张细长的嘴，但是达克龙却不一样。它有着大大的脑袋和血盆大口，从来都不满足于只吃一些小鱼小虾，它甚至能吞得下一整只扁鳍鱼龙。

虽然体形上的优势没有那么明显，但是优秀的身体结构，以及超强的游泳技术，使得达克龙成为海洋中非常出色的捕猎者。

Monjurosuchus
满洲鳄

体形：体长约 0.4 米

食性：肉食

生存年代：白垩纪

化石产地：亚洲，中国、日本

满洲鳄——它和鳄鱼没关系

满洲鳄也是生活在水中的爬行动物，至少是一种半水生爬行动物，虽然它的名字中也有一个鳄字，但它并不属于鳄形类动物，而属于离龙类。满洲鳄的脑袋很大，脖子短粗，看上去似乎不太灵活。不过，因为它像桨一样的前肢，以及侧扁的尾巴，使得它在水中的游动不那么笨拙。

满洲鳄的家族非常繁荣，人们在中国辽宁以及日本，都发现了很多满洲鳄化石。

比一比谁最长

让我们从书中找出下列水怪的体长，根据比例尺用铅笔填涂长度柱状图，比一比谁最长吧！

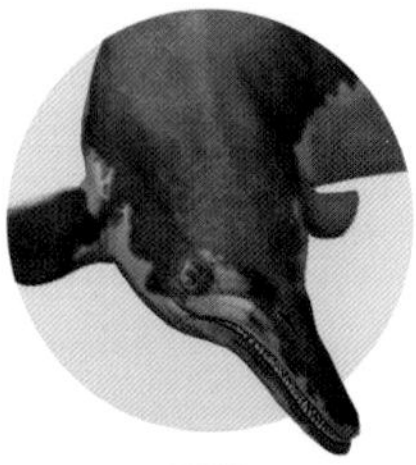

◁ 虎鲸成年个体
体长约 8 米

1m

杯椎鱼龙 （填涂范例） 10m

◁ 双髻鲨成年个体
体长约 6 米

1m

鱼龙

◁ 独角鲸成年个体
体长约 5 米

1m

肖尼鱼龙

◁ 海象成年个体
体长约 3.5 米

1m

扁掌龙

◁ 大白鲨成年个体
体长约 7 米

1m

沧龙

◁ 绿海龟成年个体
体长约 1 米

1m

准噶尔鳄

◁ 短吻真海豚成年个体
体长约 2 米

1m

达克龙

连连看化石来自哪里

让我们从书中找出下列水怪的化石产地，然后用铅笔将水怪与它们的化石产地所在大洲连起来，数一数这 6 只水怪中有几只化石产地在亚洲吧！

七大洲位置示意图

■亚洲 ■欧洲 ■非洲 ■大洋洲 ■南极洲 ■北美洲 ■南美洲

本示意图仅为说明大洲的大概位置而设计，并非各国精确疆域图。

海王龙

北碚鳄

满洲鳄

为达克龙上色吧！

参考右侧的彩色小图，用水彩笔或者油画棒为上方的线描达克龙上色，创作出自己的科学艺术作品吧！

PNSO恐龙大王幼儿百科

恐龙的秘密

出色的飞行家（上）

赵闯 / 绘　杨杨 / 文

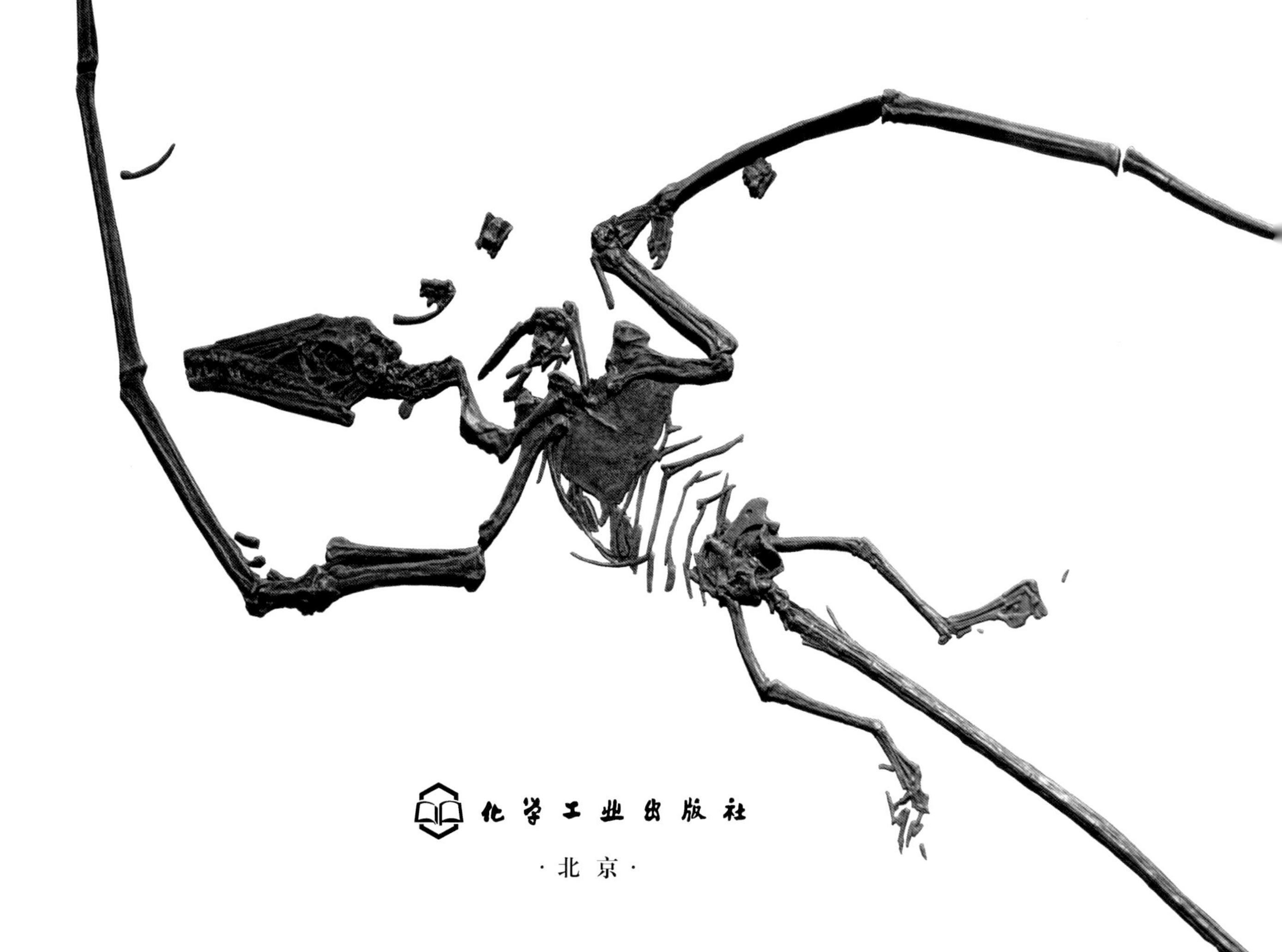

化学工业出版社

·北京·

图书在版编目(CIP)数据

恐龙的秘密.出色的飞行家.上/赵闯绘；杨杨文.—北京：化学工业出版社，2020.10
（PNSO恐龙大王幼儿百科）
ISBN 978-7-122-37511-7

Ⅰ.①恐… Ⅱ.①赵… ②杨… Ⅲ.①恐龙－儿童读物 Ⅳ.①Q915.864-49

中国版本图书馆CIP数据核字(2020)第148778号

责任编辑：刘晓婷 潘英丽　　责任校对：王佳伟

出版发行：化学工业出版社（北京市东城区青年湖南街13号 邮政编码 100011）
印　　装：天津图文方嘉印刷有限公司
889mm×1194mm　1/16　印张15　2021年1月北京第1版第1次印刷

购书咨询：010-64518888　售后服务：010-64518899
网　　址：http://www.cip.com.cn
凡购买本书，如有缺损质量问题，本社销售中心负责调换。

定 价：168.00元（全10册）

目录

读在前面 | 引导章

恐龙知识 | 内容章

动起手来 | 互动章

阅读说明

▽ **本书参考物**
一只体长 0.5 米
的公鸡

▽ **本书参考物**
一只体长 0.7 米
的鳄龟

▽ **本书参考物**
一只体长 0.5 米
的家猫

▽ **本书参考物**
一只体长 0.8 米
的九带犰狳

△ **长度比例尺**（每个小格代表 20 厘米长哦）

代					
纪	三叠纪			侏罗纪	
世	早三叠世	中三叠世	晚三叠世	早侏罗世	中侏罗世
距今年代（百万年）	251.9			约 201.3	

北美洲

3 6

❾ 翼手喙龙
Pterorhynchus
亚洲，中国

❿ 曲颌翼龙
Campylognathoides
欧洲、亚洲

⓬ 凤凰翼龙
Fenghuangopterus
亚洲，中国

⓮ 鲲鹏翼龙
Kunpengopterus
亚洲，中国

❻ 抓颌龙
Rhamphocephalus
北美洲，美国

❸ 真双型齿翼龙
Eudimorphodon
欧洲、北美洲

本书中的翼龙
主要化石产地分布示意图

图例：

大洲分界线 —·—
欧洲发掘点 •
非洲发掘点 •
亚洲发掘点 •
大洋洲发掘点 •
北美洲发掘点 •
南美洲发掘点 •

声明：

本示意图仅为说明翼龙发掘地的大概位置而设计，并非各国精确疆域图。

南美洲

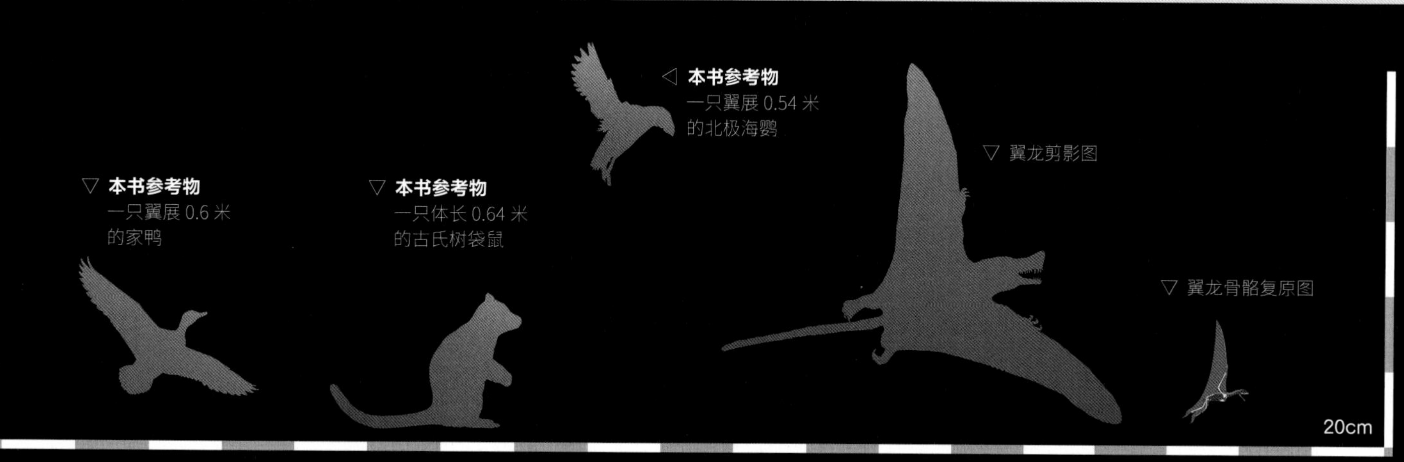

翼龙的秘密
出色的飞行家

在恐龙生存的时代，有一种特别的动物翱翔天空。它们是地球生命史中第一种飞上天空的脊椎动物，有着完美的适宜飞行的身体结构，其中一些成员翼展有十几米，站立在陆地上比长颈鹿还高，是有史以来最大的飞行动物。它们不是恐龙，却陪伴着恐龙一起度过了辉煌的中生代。直到 6600 万年前白垩纪大灭绝，它们才和非鸟类恐龙一起消失于生命的舞台。

在这本书里，我们将向孩子们展示翼龙类动物中的一个家族——非翼手龙类，它们是家族中最早飞上天空的成员，它们的身体结构虽然还有些原始，飞行的本领也没有那么纯熟，但从它们身上，我们依旧能看到它们为飞翔所作出的努力，能够了解翼龙翱翔蓝天的秘密。

孩子对于已经灭绝生物的热爱，是出于好奇的本能，而保护孩子这份珍贵的好奇心，并帮助孩子进行更加深入的探索，则是激发他们的想象力、创造力，并进行科学启蒙的最好方式。

我们将本书的探索过程分为三个阶段。首先，请孩子们自己欣赏书中的所有视觉作品，从翼龙生命形象复原图中认识翼龙，从翼龙与其他动物或物品的比较中了解翼龙，从比例尺、地图等工具中理解翼龙。其次，请家长或者老师陪伴孩子进行文字阅读，通过生动有趣的文字介绍，深刻地认知每一种翼龙的特点、习性、行动能力、生活方式等，打破时间和空间的限制，将孩子带入一个更加广阔的世界。最后，请孩子通过比较大小、为翼龙寻找化石产地、为翼龙上色等环节，综合运用多种能力，将所学到的知识用于实践中，充分锻炼孩子的逻辑思维能力，提升孩子的想象力和创造力。

现在，就让我们一起进入神奇的探索之旅吧！

独特的原始翼龙家族成员——奥地利翼龙

奥地利翼龙是一种原始的翼龙家族成员，较为原始的翼龙头顶上大多没有嵴冠，长长的尾巴末端都有控制方向的骨片，但是奥地利翼龙却是个例外。它的头上有着漂亮的头冠，每到繁殖季节，就会呈现出不一样的颜色，以此来吸引喜欢的异性。奥地利翼龙的体形不算太小，尾巴很长，但是尾巴末端光秃秃的，不像同伴拥有可以在飞行中控制方向的菱形骨片，不过这一点也不影响它飞行。

繁殖的季节又到了，奥地利翼龙振动双翼，在丛林的上空飞翔。

Austriadactylus 奥地利翼龙

体形：翼展约 1.2 米

食性：肉食

生存年代：三叠纪

化石产地：欧洲，奥地利

代	中生代							
纪	三叠纪			侏罗纪			白垩纪	
世	早三叠世	中三叠世	晚三叠世	早侏罗世	中侏罗世	晚侏罗世	早白垩世	晚白垩世
距今年代（百万年）	251.9	莱提亚翼龙	奥地利翼龙	约 201.3			约 145.0	66.0

拥有可怕獠牙的 莱提亚翼龙

和奥地利翼龙一样，莱提亚翼龙也是为数不多的拥有头冠的原始翼龙类成员，而且它的嵴冠比奥地利翼龙更加发达。

莱提亚翼龙的体形不算太大，可是有一个较大的脑袋，一张大嘴中布满了数量众多的锋利的牙齿，特别是前上颌骨的牙齿像獠牙一般，非常可怕。虽然它嘴巴后部的牙齿较小，但是牙齿上有很多个尖，同样威力十足。现在，莱提亚翼龙就要去捕食不远处那群鱼了，它们的牙齿早已经做好了准备！

Raeticodactylus

莱提亚翼龙

体形：翼展约 1.35 米

食性：肉食

生存年代：三叠纪

化石产地：欧洲，瑞士

攀岩高手——真双型齿翼龙

翼龙都是飞行高手，但真双型齿翼龙不仅会飞，而且还会攀岩，它常常灵活地攀爬在岸边的岩石上，伏击猎物。瞧，它的捕食活动开始了。

在天空飞翔的一只真双型齿翼龙缓缓落下，指爪紧紧地抓住突起的岩石，大大的眼睛盯着波浪翻滚的海面。忽然，它的眼睛被那朵跳跃的浪花吸引了。它可不是在欣赏美丽的浪花，而是目不转睛地盯着被浪花卷起的那条鱼。

它屏息静气，收紧身体的每一块肌肉，一直等到浪花从最高点跌落的瞬间，才迅速地飞扑出去。鱼儿被它稳稳地咬在了嘴里，它轻轻地落回岩石上，这下终于可以享受美味了。

Eudimorphodon

真双型齿翼龙

体形：翼展约 1 米

食性：鱼

生存年代：三叠纪

化石产地：欧洲，意大利

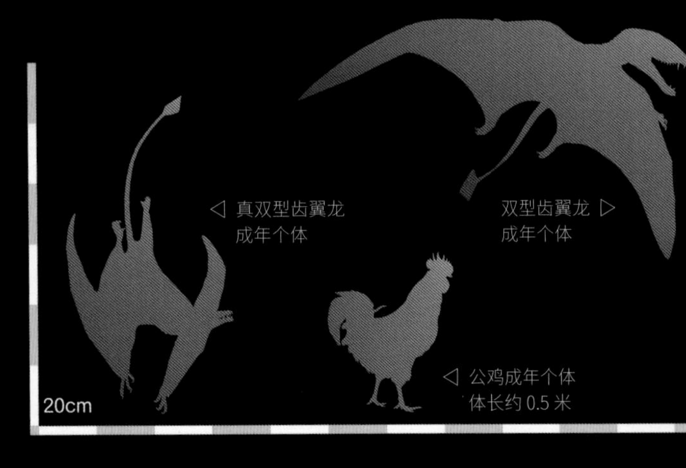

Dimorphodon
双型齿翼龙

体形：翼展约 1.45 米

食性：肉食

生存年代：侏罗纪

化石产地：欧洲，英国

长有两种牙齿的
双型齿翼龙

双型齿翼龙的身体很小，翼展狭窄，但是脑袋却又大又宽，几乎占了身长的 1/5。它有一双大大的眼睛，视力极好，能轻松地找到猎物。双型齿翼龙最特别的地方就是牙齿，它长有两种类型的牙齿，颌骨前部的长牙以及颌骨后部的小尖牙，这正是它得名的原因。从牙齿外形上来看，双型齿翼龙大概喜欢吃肉，而不喜欢吃鱼。

中生代								代
三叠纪			侏罗纪			白垩纪		纪
早三叠世	中三叠世	晚三叠世	早侏罗世	中侏罗世	晚侏罗世	早白垩世	晚白垩世	世
251.9	真双型齿翼龙	约 201.3	双型齿翼龙		约 145.0		66.0	距今年代（百万年）

让鱼望而生畏的
喙头龙

喙头龙是一种体形中等的翼龙，翼展大约只有 2 米，身体纤细，有一条长长的尾巴。喙头龙的脑袋比较大，锋利的喙嘴中长有尖锐的向前伸出的牙齿，这些牙齿是对付鱼儿最好的工具。所以，就算喙头龙个头不大，那些跃出水面的鱼儿一见到它们的影子，也还是吓得一头扎进水里，赶紧逃命去了！

Rhamphocephalus
喙头龙

体形：翼展约 2 米

食性：鱼

生存年代：侏罗纪

化石产地：欧洲，英国

◁ 喙头龙 成年个体

◁ 非洲鸵鸟成年个体 身高约 2.4 米

◁ 抓颌龙 成年个体

50cm

不再满足于只吃小鱼的 抓颌龙

Harpactognathus
抓颌龙

体形：翼展 2.5 ～ 3 米
食性：肉食
生存年代：侏罗纪
化石产地：北美洲，美国

抓颌龙和喙头龙是亲戚，都来自非翼手龙类的喙嘴翼龙科家族。抓颌龙的体形比喙头龙要大一些，较大的个体翼展能达到 3 米，在家族中算是数一数二的大块头。因此，抓颌龙的食物不再仅限于温顺的鱼儿，它更喜欢吃陆地上那些富有挑战性的小动物。

在抓颌龙生活的地方，还生活着许多你熟悉的恐龙，比如异特龙、剑龙、梁龙、迷惑龙等，在它们统治陆地的时候，抓颌龙正骄傲地当着天空之王。

中生代								代
三叠纪			侏罗纪			白垩纪		纪
早三叠世	中三叠世	晚三叠世	早侏罗世	中侏罗世	晚侏罗世	早白垩世	晚白垩世	世
251.9		约 201.3	喙头龙	抓颌龙	约 145.0		66.0	距今年代（百万年）

以小动物为食的
丝绸翼龙

丝绸翼龙的体形较小，但是身体强壮，脑袋上长有一个漂亮的头冠，长长的尾巴末端有在飞行时可以帮助控制方向的骨片。大多数翼龙都喜欢捕鱼，所以它们习惯生活在水边，但是丝绸翼龙的化石却埋藏在陆相沉积地层中，也就是说它生活的地方离水并不近。于是科学家推测，丝绸翼龙可能不喜欢吃鱼，而是以陆地上的小动物为食。

Sericipterus
丝绸翼龙

体形：翼展约 1.73 米

食性：肉食

生存年代：侏罗纪

化石产地：亚洲，中国

依靠嗅觉捕食的魔鬼翼龙

魔鬼翼龙的名字听上去有些可怕，但其实它一点儿都不像魔鬼，反倒长得很可爱。

魔鬼翼龙的体形很小，翼展又短又宽，它的脖子粗壮，尾巴细长。魔鬼翼龙有一个大大的脑袋，后面圆圆的，嘴巴尖尖的。它的眼睛很小，但是鼻腔很大，所以它总是依靠灵敏的嗅觉捕食猎物。它有着数量众多的牙齿，但是那些牙齿都很小，看起来并不吓人。

Sordes

魔鬼翼龙

体形：翼展约 0.63 米

食性：鱼

生存年代：侏罗纪

化石产地：亚洲，哈萨克斯坦

中生代								代
三叠纪			侏罗纪			白垩纪		纪
早三叠世	中三叠世	晚三叠世	早侏罗世	中侏罗世	晚侏罗世	早白垩世	晚白垩世	世

251.9　约 201.3　魔鬼翼龙　丝绸翼龙　约 145.0　66.0　距今年代（百万年）

顶着大头冠的 翼手喙龙

能在夜晚捕食的 曲颌翼龙

曲颌翼龙长有一双大大的眼睛，科学家说它的视力非常好，甚至能在漆黑的夜晚清楚地看到东西，所以它可能常常在夜晚出去捕食，以此避免白天激烈的竞争。

曲颌翼龙的嘴里布满了长而锋利的牙齿，尤其是嘴巴前端的牙齿看起来格外的大。它生活在浅海中的大型岛屿上，以捕食鱼类为生。那些锋利的牙齿就是最好的捕鱼工具。

代	中生代							
纪	三叠纪			侏罗纪			白垩纪	
世	早三叠世	中三叠世	晚三叠世	早侏罗世	中侏罗世	晚侏罗世	早白垩世	晚白垩世
距今年代（百万年）	251.9		约 201.3	曲颌翼龙	翼手喙龙	约 145.0		66.0

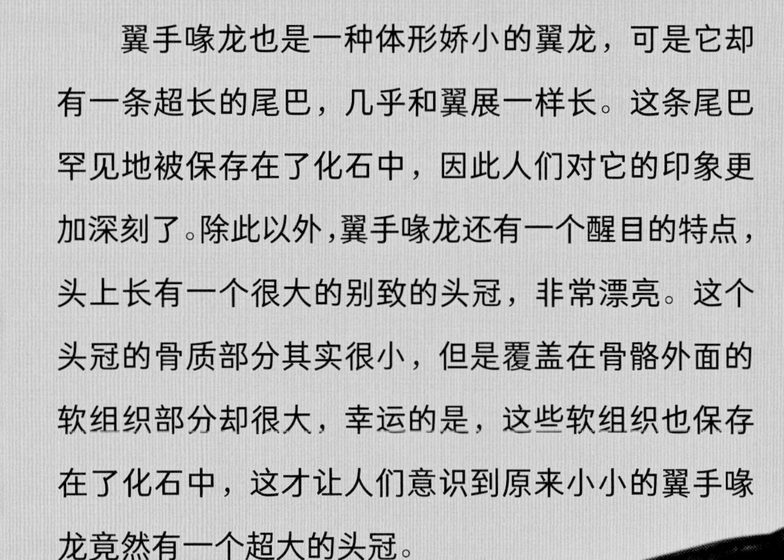

翼手喙龙也是一种体形娇小的翼龙，可是它却有一条超长的尾巴，几乎和翼展一样长。这条尾巴罕见地被保存在了化石中，因此人们对它的印象更加深刻了。除此以外，翼手喙龙还有一个醒目的特点，头上长有一个很大的别致的头冠，非常漂亮。这个头冠的骨质部分其实很小，但是覆盖在骨骼外面的软组织部分却很大，幸运的是，这些软组织也保存在了化石中，这才让人们意识到原来小小的翼手喙龙竟然有一个超大的头冠。

Pterorhynchus 翼手喙龙

体形：体长约 0.85 米

食性：肉食

生存年代：侏罗纪

化石产地：亚洲，中国

Campylognathoides 曲颌翼龙

体形：翼展 1 ～ 1.825 米

食性：鱼

生存年代：侏罗纪

化石产地：欧洲，德国

◁ 家鸭成年个体 翼展约 0.6 米

◁ 翼手喙龙成年个体

◁ 曲颌翼龙成年个体

20cm

生活在丛林里喜欢捕食昆虫的
蛙嘴龙

翼龙家族中较为原始的非翼手龙类成员几乎都有一条长尾巴，可蛙嘴龙却是个意外，它的尾巴几乎短得看不到。我们知道长长的尾巴会在翼龙的飞行中发挥很大作用，帮助它们控制方向或者保持平衡，那蛙嘴龙为什么会缺少这个重要装备呢？这大概是因为它生活的环境吧！蛙嘴龙喜欢生活在茂密的树林里，而不是海边，它又尖又细的牙齿更适合捕食昆虫而不是鱼类。因此，短尾非但没有给蛙嘴龙带来麻烦，相反还让它的飞行变得灵活了许多，能够更加适应拥挤的丛林生活。

Anurognathus
蛙嘴龙

体形：翼展约 0.5 米

食性：昆虫

生存年代：侏罗纪

化石产地：欧洲，德国

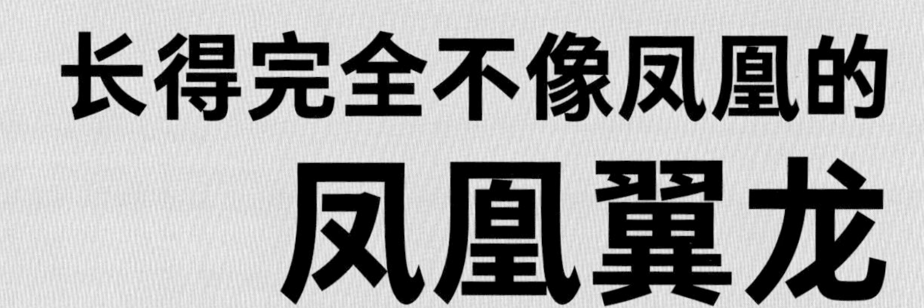

长得完全不像凤凰的 凤凰翼龙

凤凰翼龙和凤凰长得并不相像，而且也不如凤凰那般优雅。它总是喜欢张着大大的嘴巴，露出锋利的相互交错的牙齿，看上去恐怖极了！

实际上，科学家之所以为它起这个名字，是因为它的化石发现于中国辽宁省的凤凰山，科学家常常用化石发现地的地名来为一个物种命名。

凤凰翼龙的身体很强壮，有一个大大的脑袋，脑袋顶上没有头冠。它的脖子又粗又长，翼展宽阔，一条长长的尾巴后面有标志性的骨片。

Fenghuangopterus
凤凰翼龙

体形：翼展约 1.5 米

食性：肉食

生存年代：侏罗纪

化石产地：亚洲，中国

代	中生代								
纪	三叠纪			侏罗纪			白垩纪		
世	早三叠世	中三叠世	晚三叠世	早侏罗世	中侏罗世	晚侏罗世	早白垩世	晚白垩世	
距今年代（百万年）	251.9		约 201.3		凤凰翼龙 蛙嘴龙		约 145.0		66.0

化石少得可怜的 狭鼻翼龙

Angustinaripterus
狭鼻翼龙

体形：翼展约 2 米

食性：鱼

生存年代：侏罗纪

化石产地：亚洲，中国

因为骨骼纤细，相比恐龙而言，翼龙的化石更难被保存下来。比如狭鼻翼龙，它的化石就少得可怜。化石证据这么少，那科学家又是怎么知道狭鼻翼龙究竟是一副什么模样呢？让我来告诉你吧！

在这种情况下，科学家除了凭借已有的化石，还必须要参考狭鼻翼龙亲戚的样貌，借此来推断狭鼻翼龙的样子。他们经过这样的分析后认为，狭鼻翼龙身材中等，长有短而有力的脖子，粗壮的前肢以及长长的带有骨片的尾巴。

Kunpengopterus
鲲鹏翼龙

体形：翼展约 0.7 米

食性：鱼

生存年代：侏罗纪

化石产地：亚洲，中国

化石上保存有毛发的鲲鹏翼龙

虽然我们看到的很多翼龙外表都是长有毛发的，但那大部分都是人们的猜测，真正在化石中保存有毛发的翼龙并不多。不过，鲲鹏翼龙非常幸运，科学家就在它的化石上发现了毛发的痕迹。不仅如此，科学家还在它的胃部发现了鱼骨和鱼鳞，他们认为鲲鹏翼龙可能具有反刍行为，在临死前，它试图要把这些东西吐出来。

鲲鹏翼龙非常特别，它同时兼具原始的非翼手龙类和进步的翼手龙类的特征，是翼龙家族的原始类群向进步类群过渡的物种。

◁ 狭鼻翼龙
成年个体

◁ 家鸭成年个体
翼展约 0.6 米

◁ 鲲鹏翼龙
成年个体

20cm

比一比谁最小

让我们从书中找出下列翼龙的翼展长度，根据比例尺用铅笔填涂长度柱状图，比一比谁最小吧！

◁ 公鸡成年个体 体长约 0.5 米

帝企鹅成年个体 ▷ 身高约 1 米

20cm

奥地利翼龙（填涂范例） 1.2m

◁ 家鸭成年个体 翼展约 0.6 米

20cm

真双型齿翼龙

◁ 家猫成年个体 体长约 0.5 米

20cm

抓颌龙

◁ 鳄龟成年个体 体长约 0.7 米

20cm

丝绸翼龙

◁ 九带犰狳成年个体 体长约 0.8 米

20cm

翼手喙龙

◁ 古氏树袋鼠成年个体 体长约 0.64 米

20cm

蛙嘴龙

◁ 北极海鹦成年个体 翼展约 0.5 米

20cm

狭鼻翼龙

连连看化石来自哪里

让我们从书中找出下列翼龙的化石产地，然后用铅笔将翼龙与它们的化石产地所在大洲连起来，数一数这 6 只翼龙中有几只的化石产地在欧洲吧！

七大洲位置示意图

■亚洲 ■欧洲 ■非洲 ■大洋洲 ■南极洲 ■北美洲 ■南美洲

本示意图仅为说明大洲的大概位置而设计，并非各国精确疆域图。

南极洲

西半球

南极洲

东半球

凤凰翼龙

为蛙嘴龙上色吧！

参考右侧的彩色小图，用水彩笔或者油画棒为上方的线描蛙嘴龙上色，创作出自己的科学艺术作品吧！

PNSO恐龙大王幼儿百科

恐龙的秘密

出色的飞行家（下）

赵闯 / 绘　杨杨 / 文

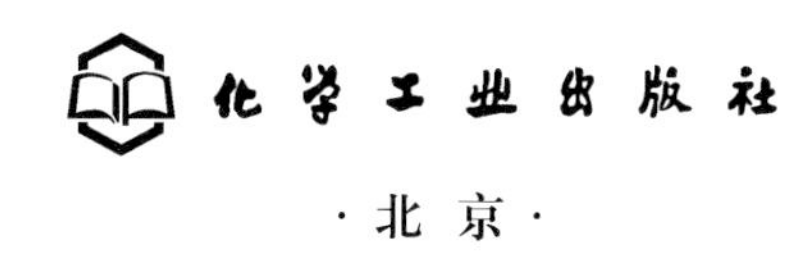

·北京·

图书在版编目(CIP)数据

恐龙的秘密.出色的飞行家.下/赵闯绘；杨杨文.—北京：
化学工业出版社，2020.10
（PNSO 恐龙大王幼儿百科）
ISBN 978-7-122-37511-7

Ⅰ.①恐… Ⅱ.①赵… ②杨… Ⅲ.①恐龙－儿童读
物 Ⅳ.① Q915.864-49

中国版本图书馆 CIP 数据核字 (2020) 第 148777 号

责任编辑：刘晓婷　潘英丽　　责任校对：王佳伟

出版发行：化学工业出版社（北京市东城区青年湖南街 13 号　邮政编码 100011）
印　　装：天津图文方嘉印刷有限公司
889mm × 1194mm　1/16　印张 15　2021 年 1 月北京第 1 版第 1 次印刷

购书咨询：010-64518888　售后服务：010-64518899
网　　址：http：//www.cip.com.cn
凡购买本书，如有缺损质量问题，本社销售中心负责调换。

定　价：168.00 元（全10册）　

目录

阅读说明

◁ **本书参考物**
一只翼展 3.5 米
的信天翁

▽ **本书参考物**
一只身高 2.4 米
的非洲鸵鸟

▽ **本书参考物**
一只体长 4 米
的犀牛

▽ **本书参考物**
一辆长 4.5 米
的小型汽车

▽ **本书参考物**
一只体长 0.5 米
的公鸡

△ **长度比例尺**（每个小格代表 1 米长哦）

代					
纪	三叠纪			侏罗纪	
世	早三叠世	中三叠世	晚三叠世	早侏罗世	中侏罗世
距今年代（百万年）	251.9			约 201.3	

本书中的翼龙
主要化石产地分布示意图

图例：

大洲分界线 —·—

欧洲发掘点 · 大洋洲发掘点 ·

非洲发掘点 · 北美洲发掘点 ·

亚洲发掘点 · 南美洲发掘点 ·

声明：

本示意图仅为说明翼龙发掘地的大概位置而设计，并非各国精确疆域图。

北美洲

南美洲

❻ 有角蛇翼龙
Uktenadactylus
北美洲，美国

⓮ 风神翼龙
Quetzalcoatlus
北美洲，美国

❾ 西阿翼龙
Cearadactylus
南美洲，巴西

❺ 古魔翼龙
Anhanguera
南美洲、欧洲、大洋洲

❺ 古魔翼龙
Anhanguera
南美洲、欧洲、大洋洲

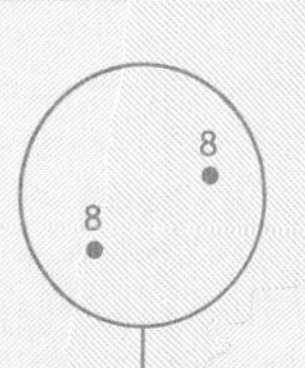

❽ 南方翼龙
Pterodaustro
南美洲，阿根廷、智利

▽ **本书参考物**
一只体长 2 米
的斑纹角马

▽ **本书参考物**
一只体长 6 米
的尼罗鳄

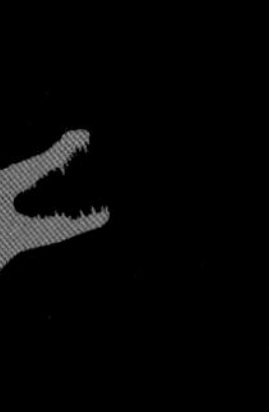

▽ **本书参考物**
一只体长 3 米
的河马

▽ 翼龙剪影图

1m

▽ **本书中的翼龙的地质年代表**

中生代		
	白垩纪	
晚侏罗世	早白垩世	晚白垩世

约 145.0 66.0

翼龙的秘密
出色的飞行家

在恐龙生存的时代，有一种特别的动物翱翔天空。它们是地球生命史中第一种飞上天空的脊椎动物，有着完美的适宜飞行的身体结构，其中一些成员翼展有十几米，站立在陆地上比长颈鹿还高，是有史以来最大的飞行动物。它们不是恐龙，却陪伴着恐龙一起度过了辉煌的中生代。直到 6600 万年前白垩纪大灭绝，它们才和非鸟类恐龙一起消失于生命的舞台。

在这本书里，我们将向孩子们展示翼龙类动物中的一个家族——翼手龙类，和家族中早期的非翼手龙类成员相比，它们的身体结构更加先进，飞行能力也更强，它们完全展现出了天空霸主的卓越风采。

孩子对于已经灭绝生物的热爱，是出于好奇的本能，而保护孩子这份珍贵的好奇心，并帮助孩子进行更加深入的探索，则是激发他们的想象力、创造力，并进行科学启蒙的最好方式。

我们将本书的探索过程分为三个阶段。首先，请孩子们自己欣赏书中的所有视觉作品，从翼龙生命形象复原图中认识翼龙，从翼龙与其他动物或物品的比较中了解翼龙，从比例尺、地图等工具中理解翼龙。其次，请家长或者老师陪伴孩子进行文字阅读，通过生动有趣的文字介绍，深刻地认知每一种翼龙的特点、习性、行动能力、生活方式等，打破时间和空间的限制，将孩子带入一个更加广阔的世界。最后，请孩子通过比较大小、帮翼龙寻找食物、为翼龙上色等环节，综合运用多种能力，将所学到的知识用于实践中，充分锻炼孩子的逻辑思维能力，提升孩子的想象力和创造力。

现在，就让我们一起进入神奇的探索之旅吧！

喜欢吃贝类和螃蟹的
敦达古鲁翼龙

敦达古鲁翼龙的个头虽然很小，翼展还不足 1 米，但它的身体结构非常先进，是一种早期的翼手龙类翼龙。

敦达古鲁翼龙的脑袋较大，头顶具有骨质嵴冠。它的身体瘦小，但是相比而言，翼展却很大，具有较强的飞行能力。

敦达古鲁翼龙的牙齿非常锋利，但是牙齿间距较大，所以科学家推测它们习惯于吃贝类或者螃蟹。

Tendaguripterus
敦达古鲁翼龙

体形：翼展不到 1 米

食性：贝类或螃蟹

生存年代：侏罗纪

化石产地：非洲，坦桑尼亚

代	中生代							
纪	三叠纪			侏罗纪			白垩纪	
世	早三叠世	中三叠世	晚三叠世	早侏罗世	中侏罗世	晚侏罗世	早白垩世	晚白垩世
距今年代（百万年）	251.9		约 201.3			敦达古鲁翼龙 约 145.0	森林翼龙	66.0

Nemicolopterus

森林翼龙

体形：翼展约 0.25 米

食性：昆虫

生存年代：白垩纪

化石产地：亚洲，中国

森林翼龙——世界上最小的树栖翼龙

森林翼龙是最小的翼龙之一，它的身体只有 9 厘米长，翼展大约 25 厘米，就像一只麻雀。虽然森林翼龙的化石是一个未成年个体，但是科学家认为即便它成年，体形也非常小。

大部分翼龙成员的化石都发现于海相沉积层，说明它们生活在大海附近，喜爱吃鱼。可是森林翼龙却生活在内陆，它喜欢栖息在树上捕食昆虫。

Istiodactylus
帆翼龙

体形：翼展 2.7 ～ 5 米

食性：鱼

生存年代：白垩纪

化石产地：亚洲、欧洲

长有鸭子嘴巴的帆翼龙

帆翼龙家族的成员大都长有一张像鸭子一样的嘴巴，嘴巴前端扁扁的，呈半圆形，有锋利的龇出的牙齿，是捕鱼的好工具。不过，家族中的中国帆翼龙是个例外，它的嘴巴又长又尖，并没有扁平化。因此，有一些科学家认为中国帆翼龙也有可能和努尔哈赤翼龙是同一个物种。

帆翼龙的翼展十分狭长，它们能够在水面上滑翔，一旦发现猎物，便俯冲下来，用锋利的牙齿将那些美味的鱼儿抓起来。

Zhenyuanopterus

振元翼龙

体形：翼展约 4 米

食性：鱼类等

生存年代：白垩纪

化石产地：亚洲，中国

牙齿像渔网一样的
振元翼龙

生活在靠近湖泊的振元翼龙是一种体形较大的翼龙，翼展能达到 4 米，它最大的特点就是有一个超大的脑袋，长度能达到半米，而在这个大脑袋上面还长有一个低矮的外形不规则的冠饰。振元翼龙的嘴里布满数量庞大的锋利牙齿，这些牙齿交错在一起，形成一个密闭的“渔网”，一旦成功地抓住鱼儿，任凭鱼儿怎么挣扎，都无法逃出它的牢笼。

Anhanguera
古魔翼龙

体形：翼展 4 ～ 4.5 米

食性：鱼

生存年代：白垩纪

化石产地：南美洲、欧洲、大洋洲

长有独特嵴冠的古魔翼龙

古魔翼龙长有特别的嵴冠，在它的上下颌上各有一个凸起的小嵴。这个嵴冠会为古魔翼龙的捕猎带来很多便利，比如当古魔翼龙想要破开水面捕食鱼儿时，它的嵴冠会帮助它减少水的阻力，并且产生尽可能少的浪花，这样一来，鱼儿可能还没觉察到，就已经被古魔翼龙吞到肚子里了。

古魔翼龙的翼展非常宽阔，但是身体非常瘦小，这能有效地帮它减轻重量，让它更好地飞行。

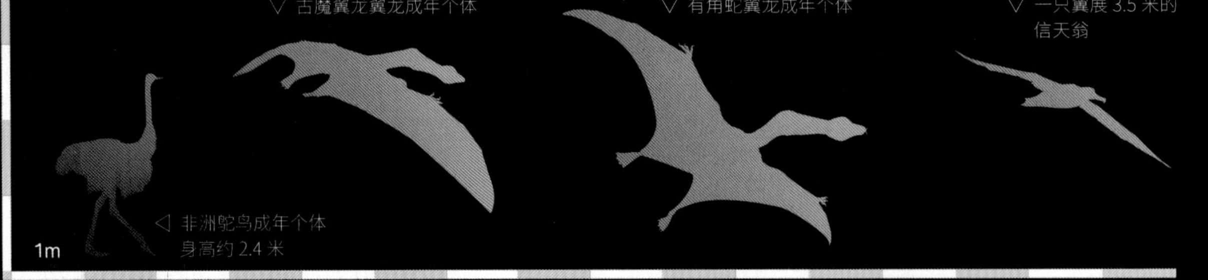

▽ 古魔翼龙翼龙成年个体

▽ 有角蛇翼龙成年个体

▽ 一只翼展 3.5 米的信天翁

◁ 非洲鸵鸟成年个体身高约 2.4 米

1m

有角蛇翼龙
和有角蛇怪有什么关系呢

有角蛇翼龙的外形看起来和古魔翼龙，以及发现于南美洲的科罗拉多斯翼龙，非常相像，也有着瘦小的身体，宽大的翼展。最初，它被认为是生活在北美洲的科罗拉多斯翼龙。不过后来，科学家确认这是一个新的物种，代表了它们所处的鸟掌龙科家族在早白垩世晚期向北美洲的扩张。人们根据北美印第安人切罗基族神话中的有角蛇怪，给它起了一个充满神秘色彩的名字。

有角蛇翼龙长有别致的头冠，嘴里布满尖利的牙齿，喜欢吃鱼。

Uktenadactylus

有角蛇翼龙

体形：翼展约 5 米

食性：鱼

生存年代：白垩纪

化石产地：北美洲，美国

长有犬状齿的
捻船头翼龙

捻船头翼龙不仅名字听起来非常特别，它的外形看上去也很独特。

在捻船头翼龙的头顶上长有一个像手柄一样的嵴冠，向后上方伸出，又宽又长，它和捻船头翼龙巨大的脑袋一起在飞行中发挥控制方向的作用。而除此之外，捻船头翼龙的颌部前端也有小小的凸起的冠嵴，能帮助它减少水的阻力。

捻船头翼龙的牙齿也非常特别，有着巨大的犬牙状前牙，中间是一些较小的牙齿，后部又是略大的牙齿，这三种形状大小都不相同的牙齿互相配合，能轻易地抓到滑溜溜的鱼儿。

Caulkicephalus
捻船头翼龙

体形：翼展约 4 米

食性：鱼

生存年代：白垩纪

化石产地：欧洲，英国

代：中生代

纪：三叠纪 | 侏罗纪 | 白垩纪

世：早三叠世 | 中三叠世 | 晚三叠世 | 早侏罗世 | 中侏罗世 | 晚侏罗世 | 早白垩世 | 晚白垩世

距今年代（百万年）：251.9 | 约 201.3 | 约 145.0 | 捻船头翼龙 | 南方翼龙 | 66.0

拥有“过滤器”的
南方翼龙

大部分翼龙都会低飞在水面上捕鱼，但是南方翼龙却喜欢站在浅水中捕食，这是为什么呢？让我们来看看它的牙齿就知道了。

南方翼龙的牙齿实在是太多了，它的下颌长有 1000 多颗牙齿，平均每厘米的颌上挤着 24 颗。这些牙齿像排列在一起的针一样，非常细密，它们一起组成了一个高效的过滤器，就像须鲸类的牙齿。

我们知道很多须鲸类的牙齿都是刷子状的须板，它们会采用滤食的方式捕食，而南方翼龙也是如此。它总是张开大嘴在水中大吃一口，然后通过过滤器一般的牙齿，把水漏出来，再把食物吞进去。

Pterodaustro
南方翼龙

体形：翼展约 1.33 米

食性：鱼、浮游生物等

生存年代：白垩纪

化石产地：南美洲，阿根廷、智利

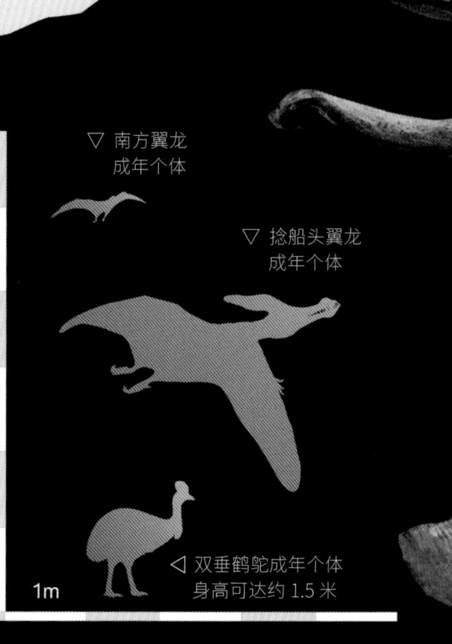

西阿翼龙——残忍的捕食者

西阿翼龙是一种非常凶残的捕食者，它的牙齿巨大而锋利，数量众多，像长矛一样，能够轻松地刺穿鱼的身体。不仅如此，它的嘴巴还拥有像鳄鱼或者棘龙具备的特殊结构——口裂，这是专门为捕鱼而生的，能防止滑溜溜的鱼儿从嘴里逃走。科学家推测，体形巨大的西阿翼龙可能不光以鱼为食，它们有可能还会捕食陆地上的动物。

Cearadactylus
西阿翼龙

体形：翼展约 4 ～ 5.5 米
食性：鱼等
生存年代：白垩纪
化石产地：南美洲，巴西

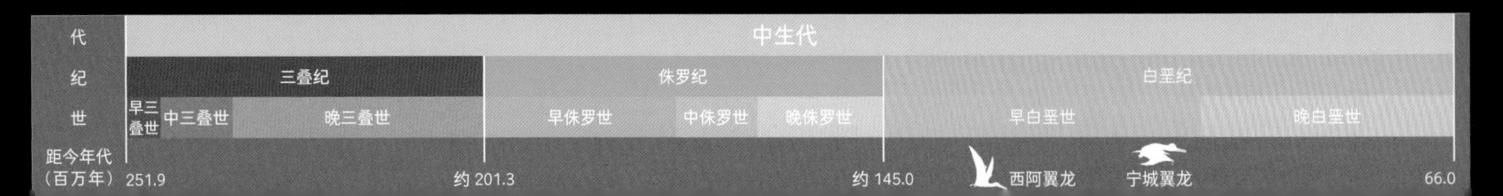

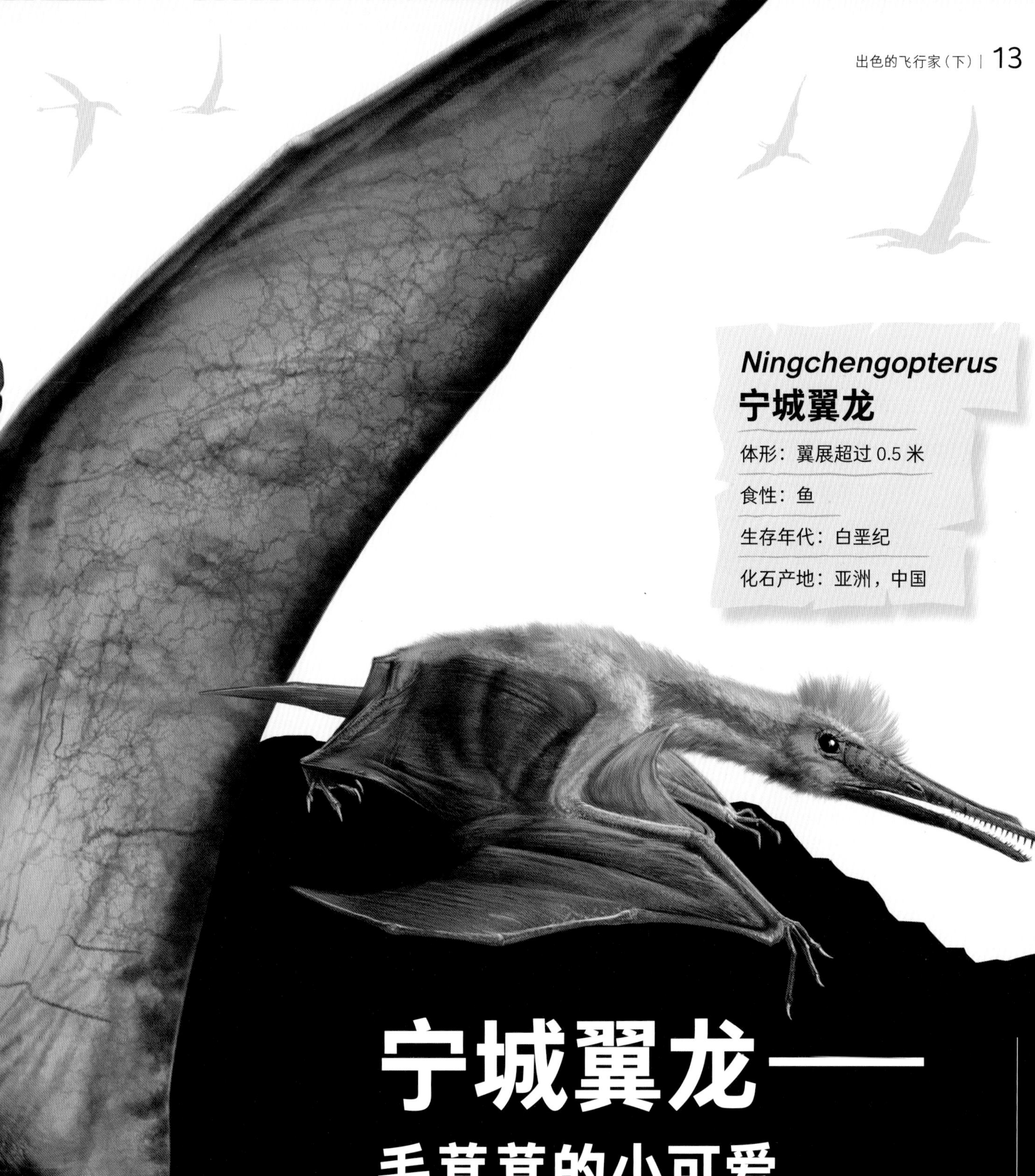

Ningchengopterus
宁城翼龙

体形：翼展超过 0.5 米

食性：鱼

生存年代：白垩纪

化石产地：亚洲，中国

宁城翼龙——毛茸茸的小可爱

科学家在发掘宁城翼龙的化石时，发现了一个几乎完整的幼年个体骨骼，化石能看到翼膜和毛发，非常难得。这块珍贵的化石为科学家提供了不少线索，他们依据化石判断出宁城翼龙的身上有一层细密的茸毛，样子非常可爱。

宁城翼龙的体形很小，脑袋较大，长有头冠。它们生活在湖泊沼泽地区，喜欢捕食小鱼。

湖翼龙——舞动在湖泊上的精灵

Noripterus
湖翼龙

体形：翼展约 4 米

食性：鱼及贝类

生存年代：白垩纪

化石产地：亚洲，中国

因为湖翼龙生活在湖泊附近，所以古生物学家就为它起名为湖翼龙。

湖翼龙长有一个又尖又长的大脑袋，在脑袋上长有狭长的骨质嵴冠。它的嘴中长有两排锋利的牙齿，是它捕食的利器。因为它的脖子很粗壮，附着着紧实的肌肉，是强大的咬合力的来源，而且头骨、四肢以及脊椎也比很多翼龙强壮，因此科学家推测它很可能不光吃鱼，还能吃贝类，可以轻松地咬碎它们坚硬的甲壳。

咸海神翼龙——中亚的天空之神

Aralazhdarcho
咸海神翼龙

体形：不详

食性：鱼等

生存年代：白垩纪

化石产地：亚洲，中亚地区

咸海神翼龙的化石发现于中亚的哈萨克斯坦、乌兹别克斯坦和塔吉克斯坦等地，它是为数不多的生活在中亚的翼龙之一。由于它的化石破碎不全，科学家只能推测它是一种中型或大型的翼龙。

咸海神翼龙生存的时代已经到了中生代末期，这是翼龙生存的最后一个时期。此时，很多翼龙的身体结构都已经发生了不小的变化，比如缺失了牙齿，具有非常大的头冠，体形增大，翼展加宽等，为它们适应飞翔生活提供了更加便利的条件，咸海神翼龙也是如此。

哈特兹哥翼龙——来自罗马尼亚的巨怪

生活在罗马尼亚的哈特兹哥翼龙，全名叫作“巨怪哈特兹哥翼龙”，这是因为它实在是太大了，科学家认为只有用巨怪来形容它才合适。

哈特兹哥翼龙的脑袋大概有 3 米，站立时高 5 米，翼展能达到 12 米，它可能是目前发现的世界上最大的翼龙，比风神翼龙还要大。不过，也有研究者提出了不同意见，他们认为哈特兹哥翼龙的肱骨在保存时发生了扭曲，导致测量出现了错误，实际上它的翼展可能要比风神翼龙小一些。不过，不管怎么样，它仍然是最大的翼龙之一。

Hatzegopteryx
哈特兹哥翼龙

体形：翼展可达 12 米

食性：肉食

生存年代：白垩纪

化石产地：欧洲，罗马尼亚

▽ 一只翼展 3.5 米的信天翁
▽ 非洲鸵鸟成年个体身高约 2.4 米
哈特兹哥翼龙成年个体 ▷
▽ 风神翼龙成年个体
2m

代	中生代							
纪	三叠纪			侏罗纪			白垩纪	
世	早三叠世	中三叠世	晚三叠世	早侏罗世	中侏罗世	晚侏罗世	早白垩世	晚白垩世
距今年代（百万年）	251.9		约 201.3			约 145.0		哈特兹哥翼龙 风神翼龙 66.0

Quetzalcoatlus

风神翼龙

体形：翼展可达 12 米

食性：肉食

生存年代：白垩纪

化石产地：北美洲，美国

风神翼龙——最大的翼龙之一

在白垩纪最末期，翼龙家族的发展达到了顶峰，演化出了很多超大的物种，其中风神翼龙就是最大的翼龙之一。

风神翼龙的翼展能达到 12 米，甚至更大；它们的脑袋和脖子都将近 3 米长；它们站在地上有 5 米多高，差不多和长颈鹿一样。它们不再满足于吃鱼，更喜欢吃陆地上的动物。哪怕是可怕的小霸王龙，有时候也逃不过它们的魔爪。它们毫无疑问是天空的霸主，它们曾经创造的那些辉煌，至今都被人们传诵着。

比一比谁最大

让我们从书中找出下列翼龙的翼展长度，根据比例尺用铅笔填涂长度柱状图，比一比谁最大吧！

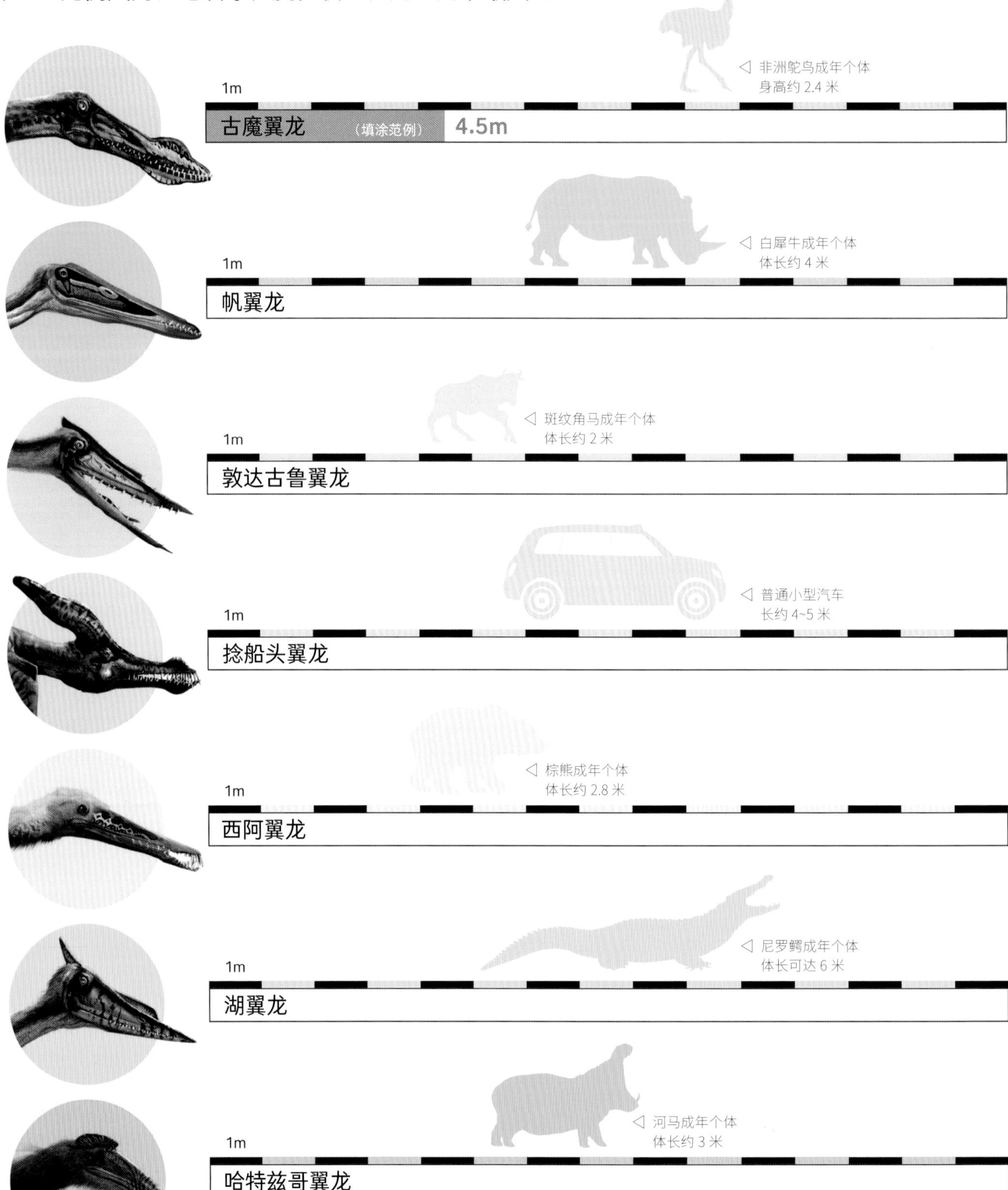

连连看翼龙们吃什么

让我们从书中找出下列翼龙的食性，然后用铅笔将翼龙与它们喜欢的食物连起来，数一数这 7 只翼龙有几只爱吃鱼吧！

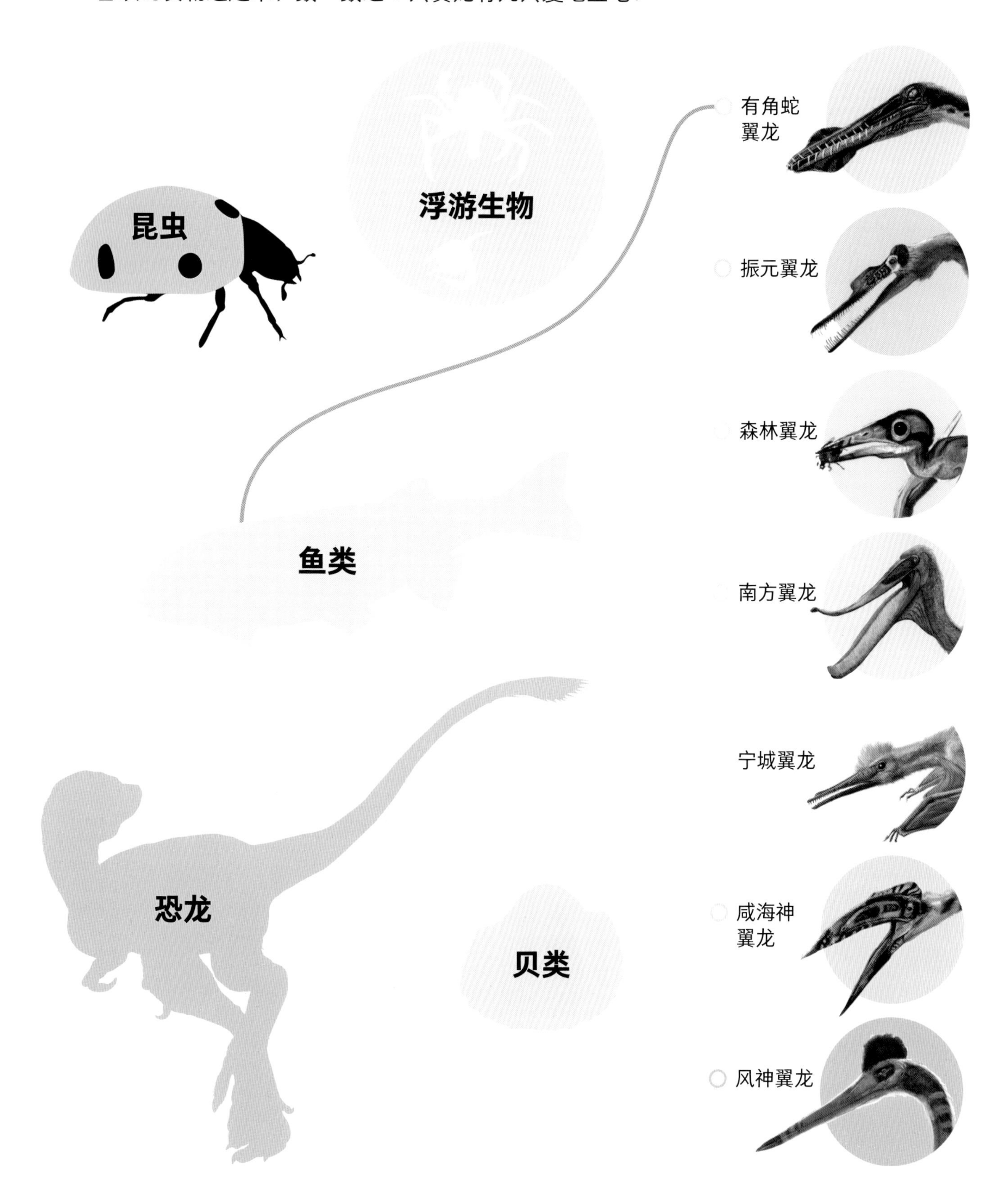

为风神翼龙上色吧！

参考右侧的彩色小图，用水彩笔或者油画棒为上方的线描风神翼龙上色，创作出自己的科学艺术作品吧！